测试技术与虚拟仿真实验教程

费景洲　刘　友　王金鑫　主　编

HEUP 哈爾濱工程大學出版社

内容简介

本书是综合传感器与测试技术、虚拟仪器技术等方面的基础知识，结合虚拟仪器实验教学平台(NIELVIS)的实验教学项目编写而成的。本书反映了虚拟仪器技术在测试技术类课程实验教学上的应用情况，介绍了实验的基础理论、传感器的基本知识、实验项目的基本原理和实验步骤。

本书可作为高等学校动力机械类专业测试技术、传感器与测试技术课程的实验教材或参考用书。

图书在版编目(CIP)数据

测试技术与虚拟仿真实验教程/费景洲，刘友，王金鑫主编. —哈尔滨：哈尔滨工程大学出版社，2017.2(2020.12 重印)

ISBN 978 - 7 - 5661 - 1426 - 6

Ⅰ.①测… Ⅱ.①费… ②刘… ③王… Ⅲ.①动力机械—测拭技术—教材 ②动力机械—计算机仿真—教材 Ⅳ.①TK05

中国版本图书馆 CIP 数据核字(2016)第 319999 号

选题策划 卢尚坤
责任编辑 张忠远 马佳佳
封面设计 博鑫设计

出版发行 哈尔滨工程大学出版社
社　　址 哈尔滨市南岗区南通大街 145 号
邮政编码 150001
发行电话 0451 - 82519328
传　　真 0451 - 82519699
经　　销 新华书店
印　　刷 北京中石油彩色印刷有限责任公司
开　　本 787 mm×960 mm 1/16
印　　张 12.5
字　　数 278 千字
版　　次 2017 年 2 月第 1 版
印　　次 2020 年 12 月第 4 次印刷
定　　价 32.00 元
http://www.hrbeupress.com
E-mail:heupress@hrbeu.edu.cn

前　　言

本书重点介绍动力机械测试技术实验方面的基本原理和实验内容，分为上下两篇。上篇（1～3章）为传统的测试技术理论和方法，主要介绍测量和数据处理方面的基本知识，以及压电式、磁电式、电感式、光电式、电容式等动力机械工程中常见的传感器的基本原理；下篇（4～12章）为基于虚拟仪器的测试实验项目，包括虚拟仪器的基本原理、基于虚拟仪器套件（ELVIS）的测试技术实验等内容。

本书可作为高等学校动力机械类专业测试技术、传感器与测试技术课程的实验教材，也可以作为测控技术等专业的实验教材。

本书由费景洲、刘友、王金鑫主编，其中第1，2章由刘友编写，第4～9章由费景洲编写，第3及第10～12章由王金鑫编写。

本书引用了虚拟仪器实验教学套件（ELVIS）的说明资料及相关实验操作说明，魏荣年老师为本书编写提供了大量资料，在此一并表示感谢。

由于编者水平有限，书中不妥和错误之处在所难免，恳请广大读者批评指正。

编　者

2017年2月

目　　录

上篇　测试技术理论和方法

下篇　基于虚拟仪器的测试实验项目

上篇
测试技术理论和方法

第1章　信号与测试系统特性

信号是信息的载体,信息的产生、传递和处理都是以信号的形式进行的。因此,信号的准确获取是对信息进行可靠分析的前提和基础。数据采集技术就是利用相关测试仪器,在一定的环境条件下,按照一定的样本拾取规则,有效获取被测物理量的方法。测试仪器(或测试系统)的特性直接决定了测量结果的可靠程度。随着科学技术的发展,越来越多的高性能设备被应用到测试技术领域。有研究人员指出,任何一种测试仪器或显示设备都可以抽象为质量-弹簧系统或包含多种电子元件的电气系统。惯性系统的存在将不可避免地引起测试仪器的时滞甚至振荡。因此,研究测试系统的动态特性对于瞬态过程的测量具有特殊的意义。

本章将首先介绍常见被测信号的分类,并利用傅里叶变换给出信号的频域描述;然后介绍现代计算机测试系统的基本组成以及各组成部分的功能;最后以一阶、二阶测试系统为例,分析测试系统的静、动态特性,以实现在不同需求下测试系统的合理选择。

1.1　信号的分类与特性

在测试技术中,通常将被测物理参数称为被测量或被测信号,而将测量结果(测量值)称为数据。不同类型的信号对应着不同的采集和处理方法。只有充分了解被测信号的性质,才能选择合适的测量系统,制订正确的测量方案。根据信号波形的描述特性,被测信号分为确定性信号和非确定性信号(或随机信号),而每一种信号又对应着不同的子类。图1.1从波形描述的角度对信号进行了分类。

工程实际中的信号通常都是在时间上连续的信号,可以利用一元函数或多元函数描述。一般来说,信号在时间上所表现出的特征非常有限,无法满足工程中对信号分析和处理的需要。比如,当目标信号混有环境噪声时,时域分析法往往难以从混合信号中有效还原出实际信号。傅里叶分析(又称频谱分析)是对信号进行时-频变换域分析的有效工具。该方法能够将复杂的连续信号分解为不同频率的正弦信号的叠加,从频域的角度研究信号的特征,并对其进行深入处理。随着快速傅里叶变换(FFT)算法的提出,频谱分析已成为信号处理的最基本、最重要的工具。本节将从工程应用的角度研究图1.1中各类信号的频谱特性。

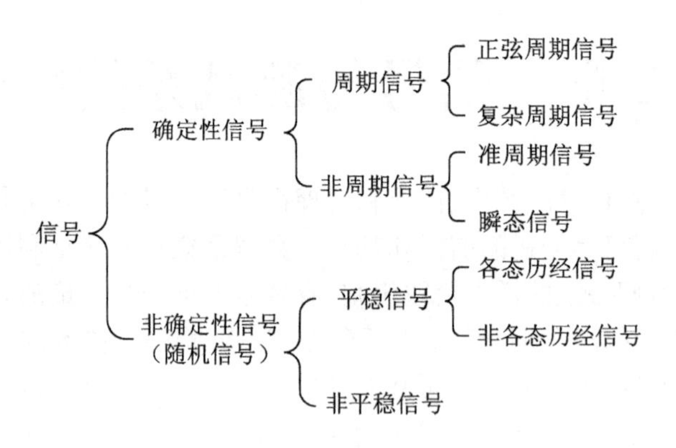

图 1.1 被测信号的分类

1.1.1 确定性信号

确定性信号是指可以用明确的数学关系式或者图表精确描述的信号,例如可以利用正弦函数描述的交流电信号。根据其时间规律性,确定性信号又可以分为周期信号和非周期信号两类。周期信号又可分为正弦周期信号与复杂周期信号;非周期信号又可分为准周期信号与瞬态信号。

1. 周期信号

周期信号是在一定时间间隔内重复出现的信号,可用关于时间的周期函数来表示,其中 T 表示信号重复出现的间隔时间,称为信号周期。即

$$x(t)=x(t+nT) \quad (n\in \mathbf{N}_+) \tag{1-1}$$

正弦信号是周期信号中最简单的一种周期信号,常用来表示其他周期信号。正弦信号的函数表达式为

$$x(t)=X_m\sin(\omega t+\theta) \tag{1-2}$$

式中 X_m——振幅;

θ——初始相位;

ω——圆频率(亦称角频率),$\omega=2\pi f$;

f——频率,$f=\dfrac{1}{T}$。

正弦周期信号是由单一频率组成的,其频谱图为单一谱线。在频谱分析中用复数形式表示信号更为方便。利用欧拉公式,即

$$e^{i\varphi}=\cos\varphi+i\cdot\sin\varphi \tag{1-3}$$

式(1-2)可化为复数表达形式,即

$$x(t)=C_1e^{-j\omega t}+C_2e^{j\omega t} \tag{1-4}$$

其中,C_1,C_2 互为共轭复数:

$$\begin{cases}C_1=j\cdot\dfrac{X_m}{2}\cdot e^{-j\theta}\\ C_2=-j\cdot\dfrac{X_m}{2}\cdot e^{j\theta}\end{cases}$$

根据傅里叶变换思想,复杂周期信号可以认为是由不同频率的正弦信号叠加而成的,且每个正弦信号的频率比为有理数。因此,对于一个以 T 为周期的复杂信号 $x(t)$,在有限区间$[t_0,t_0+T]$上可将其展开成傅里叶级数,即

$$x(t)=a_0+\sum_{n=1}^{\infty}[a_n\cos(n\omega t)+b_n\sin(n\omega t)] \tag{1-5}$$

其中

$$\begin{cases}\omega=\dfrac{2\pi}{T}\\ a_0=\dfrac{1}{T}\int_{-\frac{T}{2}}^{\frac{T}{2}}x(t)\,dt\\ a_n=\int_{-\frac{T}{2}}^{\frac{T}{2}}x(t)\cos(n\omega t)\,dt\quad(n\in\mathbf{N}_+)\\ b_n=\int_{-\frac{T}{2}}^{\frac{T}{2}}x(t)\sin(n\omega t)\,dt\quad(n\in\mathbf{N}_+)\end{cases} \tag{1-6}$$

式(1-5)又可改写为

$$x(t)=a_0+\sum_{n=1}^{\infty}A_n\cos\left(n\cdot\frac{2\pi}{T}t+\theta_n\right) \tag{1-7}$$

其中

$$\begin{cases}A_n=\sqrt{a_n^2+b_n^2}\\ \theta_n=\arctan\left(-\dfrac{b_n}{a_n}\right)\end{cases} \tag{1-8}$$

由于复杂周期信号 $x(t)$展开成的傅里叶级数是无穷的,即 $n\to\infty$。因此,复杂周期信号 $x(t)$中包含有无穷多个频率成分。当 n 遍历取值区间 $\mathbf{N}_+$时,周期信号 $x(t)$中的频率成分

构成无限集合$\left\{\frac{2n\pi}{T}\right\}$。一般地，称$\omega_1=\frac{2\pi}{T}\left(或 f_1=\frac{1}{T}\right)$为基频，称$A_1\cos(\omega_1 t+\theta_1)$为基波，称$n$次倍频成分$A_n\cos(n\omega_1 t+\theta_n)$为$n$次谐波。

利用式(1-3)所表示的欧拉公式，将复杂周期信号$x(t)$用复数形式的傅里叶级数表示为

$$x(t)=a_0+\sum_{n=1}^{\infty}\left(\frac{a_n-\mathrm{j}b}{2}\mathrm{e}^{\mathrm{j}n\omega t}+\frac{a_n+\mathrm{j}b}{2}\mathrm{e}^{-\mathrm{j}n\omega t}\right) \tag{1-9}$$

令

$$\begin{cases}C_0=a_0\\ C_n=\dfrac{a_n-\mathrm{j}b_n}{2}\\ C_{-n}=\overline{C}_n=\dfrac{a_n+\mathrm{j}b_n}{2}\end{cases} \tag{1-10}$$

则式(1-9)可表示为

$$x(t)=\sum_{n=-\infty}^{+\infty}C_n\mathrm{e}^{\mathrm{j}n\omega t} \tag{1-11}$$

对比式(1-9)和式(1-11)可以发现，将周期信号$x(t)$的傅里叶级数展开式由三角函数形式转换成复数形式后，信号的频率范围由原来的$0\sim\infty$扩展到$-\infty\sim+\infty$。对于n次谐波，其频率为nf_1。在式(1-11)中，由于n可以取负值，因此n次谐波的频率nf_1就变成了负值。导致这一现象产生的原因是正弦信号的复数表示（即欧拉公式）。实际上，将信号$x(t)$的傅里叶级数由实数形式转换为复数形式，其本质是利用复数表示正弦函数，即正弦函数的复数表示。因此，“负频率”是由复数表示方法引起的，表示了频率的变化方向。正弦周期信号是由单一频率组成的，其频谱图为单一谱线。将信号$x(t)$利用多个正弦信号表示后，其谱线仍然是离散的，同样属于离散型谱类。在式(1-10)中，称C_n为傅里叶级数的系数。由式(1-8)和式(1-10)可知

$$\begin{cases}|C_n|=\dfrac{1}{2}A_n,\arg C_n=\theta_n-\dfrac{\pi}{2}\\ |C_{-n}|=\dfrac{1}{2}A_n,\arg C_{-n}=-\left(\theta_n-\dfrac{\pi}{2}\right)\end{cases}\quad(n\in\mathbf{N}_+) \tag{1-12}$$

从式(1-12)中可以看出，在复数形式的傅里叶级数中，负频率$-nf_1(n\in\mathbf{N}_+)$的谐波成分$\mathrm{e}^{-\mathrm{j}n\omega t}$所对应的系数$C_{-n}$同样能够反映相应“正频率”谐波$\mathrm{e}^{\mathrm{j}n\omega t}$的振幅$A_n$和相位$\theta_n$。

傅里叶级数的系数C_n可由信号$x(t)$直接决定，即

$$C_n=\frac{1}{T}\int_{t_0}^{t_0+T}x(t)\mathrm{e}^{-\mathrm{i}2\pi nf_1 t}\mathrm{d}t \tag{1-13}$$

由式(1－12)可知，系数C_n可以表示n次谐波的振幅与相位，即对于一个频率为nf_1的谐波，C_n可以表示出它的振幅与相位。因此，称C_n为有限区间$[t_0, t_0+T]$上信号$x(t)$的离散频谱，称$|C_n|$为有限区间$[t_0, t_0+T]$上信号$x(t)$的离散振幅谱，称$\arg C_n$为有限区间$[t_0, t_0+T]$上信号$x(t)$的离散相位谱。由$x(t)$求傅里叶级数系数C_n的过程，称为在有限区间上对$x(t)$作频谱分析。

2. 非周期信号

凡是能用明确的数学关系描述的，而又不具有周期性的信号均称为非周期信号。非周期信号包括准周期信号和瞬态信号。

准周期信号虽然也可以表示成若干个正弦信号叠加的形式，但其正弦信号中至少有一个成分与其他任意一个成分的频率之比不为有理数。换言之，非周期信号是由彼此的频率比不全为有理数的两个以上的正弦信号叠加而成的，可以表示为

$$x(t)=x_1\sin(t+\theta_1)+x_2\sin(t+\theta_2)+x_3\sin(\sqrt{50}t+\theta_3)+\cdots \tag{1-14}$$

上述这种没有公共整数周期的各个分量所合成的信号，虽然是非周期的，但由于其谱线仍然是保持离散的，因此也称之为准周期信号。

瞬态信号是指除了准周期信号以外的非周期性的确定性信号。该信号的幅值一般随着时间迅速衰减，如振动冲击信号。瞬态信号的频域描述形式为

$$X(\omega)=\frac{1}{2\pi}\int_{-\infty}^{+\infty}x(t)\mathrm{e}^{-\mathrm{j}\omega t}\mathrm{d}t \tag{1-15}$$

同样地，利用复数形式的傅里叶级数表示瞬态信号，其形式为

$$X(\omega)=|X(\omega)|\mathrm{e}^{-\mathrm{j}\varphi(\omega)}=A(\omega)-\mathrm{j}B(\omega) \tag{1-16}$$

其中

$$\begin{cases}A(\omega)=|X(\omega)|\cos\varphi(\omega)\\B(\omega)=|X(\omega)|\sin\varphi(\omega)\end{cases}$$

在式(1－16)中，$|X(\omega)|$表示瞬态信号$x(t)$的幅频特性，$\varphi(\omega)$表示其相频特性。由式(1－16)可知

$$\begin{cases}|X(\omega)|=\sqrt{A^2(\omega)+B^2(\omega)}\\\varphi(\omega)=\arctan\dfrac{B(\omega)}{A(\omega)}\end{cases} \tag{1-17}$$

与周期信号和准周期信号不同的是，瞬态信号的频谱是连续型的，且频率范围是无限的。在这一点上可以通过比较式(1－5)、式(1－14)和式(1－15)发现。由于幅值为有限值的瞬态信号包含了从零到无穷的一切频率分量，因此信号在某一频率分量处的谱线长度(振幅)为无穷小量。另一方面，瞬态信号的谱线长度虽同为无穷小量，但其大小却存在很大的差别，研究不同频率处振幅的相对值仍有很大意义。因此，瞬态信号的频谱不能再用

幅值表示,而需定义一个密度函数来表示。$X(\omega)$称为瞬态信号 $x(t)$ 的频谱密度函数,其反映了信号在单位频带内的频谱值。

1.1.2 非确定性信号

非确定性信号又称为随机信号,反映的物理现象是随时间而变化的随机过程。这类信号具有不确定性,一般来说每次测量的结果都不尽相同,信号的幅值和相位信息难以预知。因此,非确定性信号无法通过确定的数学表达式进行描述,而只能利用统计分析的方法获取信号的整体统计特征。常用的统计函数主要包括均方值、均值、方差、自相关函数和功率谱密度等。这里仅对常用统计函数的物理含义进行介绍,不涉及具体的数理公式。

(1)均方值、均值和方差,用以分别描述随机信号的强度、静态分量和动态分量。

(2)概率密度函数,用以描述随机信号分布在指定范围内的概率。

(3)自相关函数,用以描述随机信号在两个不同时刻下状态间的依赖关系。

(4)功率谱密度,用以描述随机信号的频率结构。

(5)联合统计特性,用以描述两个以上的随机过程的相互依赖关系。

对随机过程$\{x(t)\}$进行一次测量可得到一个确定的 $x(t)$,称为相应随机过程的一个样本函数。在时间参数是离散的情况下,相应样本函数是一个序列,通常称为时间序列。样本函数的集合称为总体(母体)。因此,随机信号$\{x(t)\}$也可以定义为

$$\{x(t)\} = \{x_1(t), x_2(t), \cdots\} \tag{1-18}$$

其中,$x_1(t)$表示随机过程的第 1 个样本函数;$x_2(t)$表示随机过程的第 2 个样本函数,以此类推。

根据随机变量的统计特性是否随时间而变化,可将随机过程分为平稳过程和非平稳过程,其中平稳过程又可进一步分为各态历经过程和非各态历经过程两类。这里仅对平稳过程及其中的各态历经过程进行介绍。

所谓平稳过程,是指其统计特性不随时间而变化的一类随机过程,即统计特性不随时间原点的选取而发生改变;否则,称为非平稳随机过程。对于平稳过程,样本函数总体$\{x(t)\}$满足下式所示的关系,即

$$\begin{cases} \lim\limits_{N\to\infty} \dfrac{1}{N}\sum\limits_{n=1}^{N} x_n(t_1) = \lim\limits_{N\to\infty} \dfrac{1}{N}\sum\limits_{n=1}^{N} x_n(t_2) = \cdots = \lim\limits_{N\to\infty} \dfrac{1}{N}\sum\limits_{n=1}^{N} x_n(t_m) \\ \lim\limits_{N\to\infty} \dfrac{1}{N}\sum\limits_{n=1}^{N} x_n(t_1)x_n(t_1+\tau) = \cdots = \lim\limits_{N\to\infty} \dfrac{1}{N}\sum\limits_{n=1}^{N} x_n(t_m)x_n(t_m+\tau) \end{cases} \tag{1-19}$$

若随机过程$\{x(t)\}$的统计平均值等于时间平均值,即样本函数 $x(t)$ 满足下列关系式

$$
\begin{cases}
\lim\limits_{T\to\infty}\dfrac{1}{T}\displaystyle\int_0^T x(t)\,\mathrm{d}t = \lim\limits_{N\to\infty}\dfrac{1}{N}\sum_{n=1}^{N}x_n(t) \\
\lim\limits_{T\to\infty}\dfrac{1}{T}\displaystyle\int_0^T x(t)x(t+\tau)\,\mathrm{d}t = \lim\limits_{N\to\infty}\dfrac{1}{N}\sum_{n=1}^{N}x_n(t)x_n(t+\tau)
\end{cases} \tag{1-20}
$$

则称此随机过程$\{x(t)\}$具有各态历经性,此时的随机过程$\{x(t)\}$称为各态历经过程。由于各态历经过程的统计特性可以用单个样本函数的时间平均描述,这使得对各态历经信号的统计分析工作在很大程度上得到简化。实际上,工程实际中的大部分随机信号都可以近似地认为是各态历经信号,因此可以用观察到的单个样本函数描述出随机过程的总体统计特性。

1.2　计算机测试系统的基本组成

近年来,传感技术、微电子技术和计算机技术等基础研究的进步使得测试技术获得了迅速的发展。目前,以计算机为核心的自动测试系统已成为测试系统设计与开发的主要形式,并在各个领域中获得了广泛地应用。

图 1.2 为计算机测试系统的基本组成。由图 1.2 可以看出,计算机测试系统主要由传感器、信号调理器、多路模拟开关、采样保持器、A/D(D/A)转换器和计算机组成。测试系统对信号的采集通过计算机控制完成。在工程应用中,多路模拟开关、采样保持器和 A/D(D/A)转换器等电路元件常被集成开发为数据采集卡,其通过不同的总线技术实现与计算机等控制平台的内部通信。

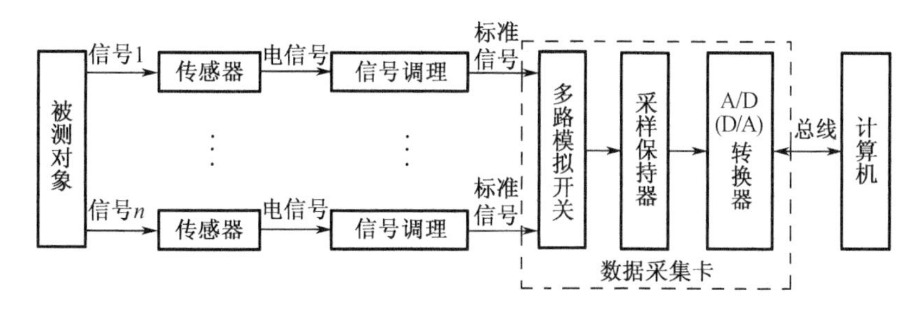

图 1.2　计算机测试系统的基本组成

传感器感知被测信号的变化,并向外界发出相应的电信号。例如,热电偶能够感知温度的变化,并将其转化为电动势对外输出;转速传感器可以将转速信号转换成电脉冲。根据工作原理的不同,可将传感器分为多种类型。

信号调理电路用来实现对传感器输入信号的放大或衰减、整形、调制或解调等处理，使其满足 A/D 转换及数据显示、记录的要求。较为常用的信号调理电路包括电桥电路、高阻抗输入电路、集成放大电路、振荡和脉冲调宽电路等。由于有些传感器内阻较大，输出功率较小，信号调理电路还要对传感器输出信号进行阻抗变换以缓冲输出信号。信号调理电路的核心是放大器，其主要功能是放大传感器输出的微弱信号。各类传感器输出信号的情况各不相同，因此不同的调理电路需要不同种类的放大器，如，为减少信号的共模分量的差分放大器和隔离放大器；为保证具有不同数量级的电压信号的调理效果的量程可调程控放大器；为减少输出漂移的斩波稳零放大器和激光放大器。此外，被测信号感知及传输过程容易受到噪声的干扰，因此信号调理电路常需要集成滤波器以过滤外部噪声，提高模拟输入信号的信噪比。

在实际应用中，常需要对多个物理量进行巡回检测甚至同步检测。多路模拟开关相当于信号电路中的“开关”，能够分时选通来自多个通道中的某一路通道，从而使该通道的信号送入 A/D 转换器，进而被计算机系统读取和显示。图 1.3 是 CD4051 双向 8 选 1 模拟开关示意图。从图 1.3 中可以看出，公共端(3 脚)为模拟开关的信号输出端，在某一时刻该端口与 8 个测量通道(引脚 13,14,6,12,1,5,2,4)中的一路接通。测量电路的接通状态由端口(引脚 6,11,10,9)的输入高低电平控制，控制逻辑真值表如表 1.1 所示。

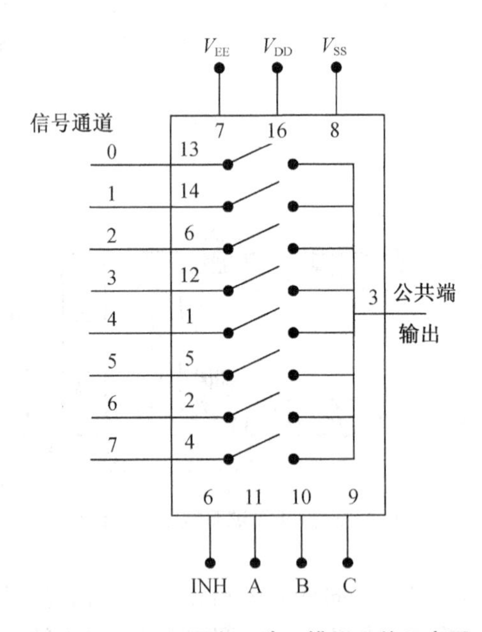

图 1.3 CD4051 双向 8 选 1 模拟开关示意图

表 1.1　CD4051 控制逻辑真值表

INH	A	B	C	接通通道
0	0	0	0	0
0	0	0	1	1
0	0	1	0	2
0	0	1	1	3
0	1	0	0	4
0	1	0	1	5
0	1	1	0	6
0	1	1	1	7
1	—	—	—	无

在测量信号变化较缓慢，或对信号测量的实时性要求不高时，通过控制多路模拟开关的接通通道，可以实现对测量信号的选择采集。在这种情况下，多路模拟开关后的电路，如采样保持器、A/D 转换器等只需要一套即可。但当测量通道较多，或要求对多路信号进行实时、同步采集时，一般不宜使用分时多路开关技术，这时可以对每个测量通道均设计采样保持器和 A/D 转换器，以实现多路信号的同时采集。

采样保持器的功能是快速拾取测量通路传输的电压信号，并利用内部电容保证其幅值在一定时间范围内稳定不变，以提高 A/D 转换器量化、编码精度。图 1.4 是采样保持器的原理图，图中 A_1，A_2 为理想的同相跟随器，其输入阻抗和输出阻抗分别趋向于无穷大和零，以缓冲前级输入信号并保证输入、输出信号不变。采样时，开关 S 在控制信号的作用下闭合，此时存储电容器 C_H 迅速充电达到输入电压 V 的幅值，当输入电压发生变化时，电容器电压 V_C 能够迅速改变，以实现对输入信号的跟踪。而在保持阶段，开关 S 断开，电容器电压 V_C 保持恒定，以保证 A/D 转换器在模数转换期间输入电压的稳定。若对每一路测量通道均设置一个采样保持器，则可以实现对多个瞬时信号的同步测量。

采样保持器输出的信号传输至 A/D 转换器。A/D 转化器是模拟输入通道的关键电路，其能够将输入的模拟信号转换成计算机能够接受的数字信号，实现模拟信号的幅值量化。与之相对的是 D/A 转换器，其功能是将输入的数字信号转换成模拟信号。由于输入信号变化的速度不同，系统对分辨率、精度、转换速率及成本的要求也不同，由此产生了多种类型的 A/D 转换器。依据工作原理，A/D 转化器可分为并行式、双斜积分式、逐位比较式和斜坡式。目前，多采用单片集成电路对 A/D 转换器进行设计开发，有的单片 A/D 转换器内部还包含采样保持电路、基准电源和接口电路，这为测试系统的设计提供了较大的方便。

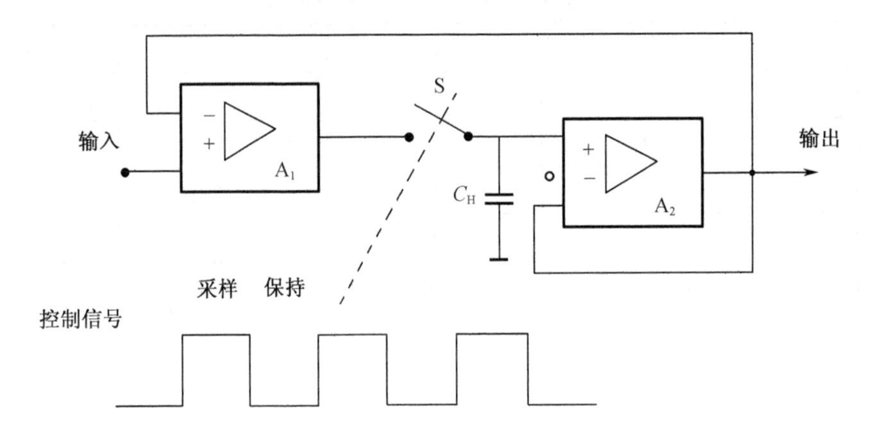

图 1.4 采样保持器原理图

计算机是整个计算机测试系统的核心。计算机对各级单元发出控制信号,并将 A/D 转换器的输出结果读入至存储器,以进行数据显示及后续的数据处理和分析。

1.3 测试系统特性

由本书 1.2 内容可知,本章中测试系统是指包含信号感知、调理、变换等众多环节在内的完整系统。简单地说,测试系统是执行测试任务的传感器、仪器和设备的总称。对未知信号的测量过程实际上可以概括为:利用测试系统的特性,由输出量推断系统输入值的过程。在这一过程中,测试系统的性能指标决定了测量结果(推断结果)的可靠程度。

一般地,测试系统的基本特性可通过建立数学模型来进行研究。对于连续时间系统(或称为模拟测量系统),其输入 $x(t)$ 与输出 $y(t)$ 关系可通过常系数线性微分方程描述。

$$a_n \frac{\mathrm{d}^n y}{\mathrm{d}t^n} + a_{n-1}\frac{\mathrm{d}^{n-1} y}{\mathrm{d}t^{n-1}} + \cdots + a_1 \frac{\mathrm{d}y}{\mathrm{d}t} + a_0 y = b_m \frac{\mathrm{d}^m x}{\mathrm{d}t^m} + b_{m-1}\frac{\mathrm{d}^{m-1} x}{\mathrm{d}t^{m-1}} + \cdots + b_1 \frac{\mathrm{d}x}{\mathrm{d}t} + b_0 x \tag{1-21}$$

其中,t 为时间常数;数组 $\{a_i\}$ $(i=0,1,\cdots,n)$ 与 $\{b_j\}$ $(j=0,1,\cdots,m)$ 是与被测对象的物理参数有关的常数。

被测信号时变特性的不同,对测试系统的性能要求也不同。总的来说,测试系统的基本特性可分为静态特性和动态特性。

1.3.1　静态特性

测试系统的静态特性是指当输入信号不随时间变化时，其输出信号与输入信号之间的关系。由于此时输入信号 $x(t)$ 为常量，因此式(1－21)中各阶导数为零，于是微分方程可变为

$$y=\frac{b_0}{a_0}x \tag{1-22}$$

输入输出具有线性关系的测试系统是最为理想的，但这一条件又不是必需的。对于实际应用的测试系统，其输入输出往往具有非线性，这时可通过曲线校正或输出补偿技术作非线性校正。

测试系统的静态特性主要包括精确度、灵敏度、分辨率、线性度和滞后差等。

1. 精确度

测试仪器的精确度是指测试结果与真值的一致程度，它是测试系统各种误差的总和，通常利用仪器满量程时所允许的最大相对误差(百分数)表示，即

$$\delta_y=\pm\frac{\Delta_j}{A_{\max}-A_{\min}}\times 100\% \tag{1-23}$$

式中　δ_y——仪器的精度或允许误差；

Δ_j——满量程时允许的最大绝对误差；

$A_{\max}, A_{\min}$——仪器能够测量的最大值和最小值。

测试仪器常采用最大相对误差 δ_y 表示仪器精度的等级。例如，对于 $\delta_y=2\%$ 的测试仪器，其精度等级为“2 级”。最大相对误差 δ_y 越小表示仪器的测试精度越高，测量结果越精确。通常来说，工程中用的仪器精度等级为 0.5～4 级，而实验室用仪器精度等级为 0.2～0.5 级，范型仪器(用来对其他测量仪器进行标定的高精度仪器)精度等级一般在 0.2 级以上。当测试仪器的精度等级确定时，测量结果的绝对误差也就随之确定了。因此，在选用仪器时，应在满足被测量要求的前提下，尽量选择量程较小的仪器，使测量值在满刻度的 2/3 以上为宜。

对于图 1.2 所示的计算机测试系统，系统的测试精度不仅与测量仪器精度有关，还取决于测试系统各个环节的精度，如前置放大器、滤波器、多路模拟开关及模数转换器等环节的精度，只有在信号传输、调理各个环节的精度均明显优于传感器精度时，测试系统的精度才是式(1－23)所示的传感器精度。

2. 灵敏度

灵敏度描述了整个测试系统对输入量变化反应的能力,可由测试系统输出值的变化量 Δy 与引起该输出值变化的输入变化量 Δx 的比值表示,即

$$S = \frac{\Delta y}{\Delta x} \tag{1-24}$$

若测试系统的输入值或输出值为相对变化率时,式(1-24)可写为

$$S = \frac{\Delta y}{\Delta x / x} \tag{1-25}$$

或

$$S = \frac{\Delta y / y}{\Delta x} \tag{1-26}$$

若测试系统的微分方程具有式(1-22)所示的线性形式时,该系统的灵敏度即为线性方程的斜率 b_0/a_0。对于具有多个独立环节的测试系统,系统总的灵敏度为各个独立环节灵敏度的乘积。

3. 分辨率

系统分辨率是指测试系统所能检测的被测参数的最小量或最小变化量,因此又称为灵敏度域。该值一般为测试仪器表示值可见变化的最小值,对于刻度式仪表则以最小刻度为分辨率,对于数字式仪表则以最后一位数字为分辨率。

在实际使用中,一般会要求测试系统具有较高的灵敏性和分辨率,但是这并不意味着这两项指标越高越好。高灵敏度、高分辨率同样意味着测试系统具有较低的抗外界干扰能力,这对测试的平衡和稳定造成了困难,同时也带来了较高的测试成本。因此,在实际使用中,应根据需要合理设计测试系统的灵敏度和分辨率。

4. 线性度

线性度又称非线性误差,表示测试系统输出量-输入量的关系曲线(静态下的微分方程)与拟合直线的偏离程度。测试系统的线性度通常利用测试仪表在使用范围内的最大偏差 a 与输出信号的最大范围 A 的百分比来表示,如图 1.5 所示。

$$\delta_L = \frac{a}{A} \times 100\% \tag{1-27}$$

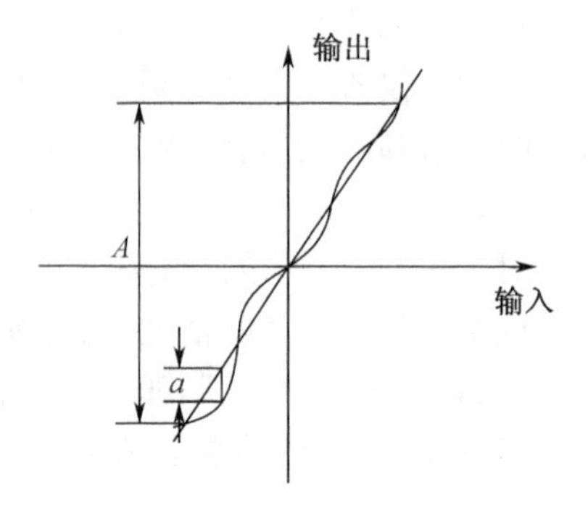

图 1.5　线性度

由于输入 - 输出直线拟合的方法不同，最大偏差 a 也不相同，利用非线性相对误差 δ_L 表示的测试系统线性度将发生变化。按照直线拟合方法的不同，常见的测试系统线性度有：理论线性度、平均选点线性度、端基线性度、最小二乘法线性度等。其中，理论线性度和最小二乘法线性度应用最为广泛。

5. 滞后差

滞后差表示当输入信号先是缓慢增加然后再缓慢减小时，相对于同一输入信号的测试系统输出信号之差的最大值，如图 1.6 所示。滞后差是由于仪表内部摩擦力、间隙及机械材料、电气元件等的滞后特性造成的。

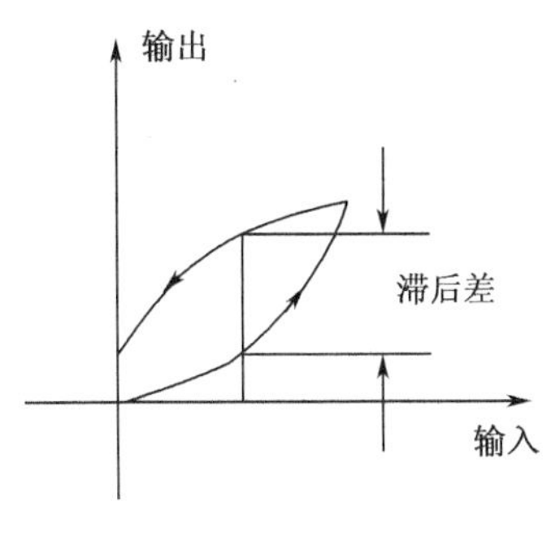

图 1.6　滞后差

1.3.2　动态特性

在工程测量中，大量的被测信号是随时间变化的动态信号，即 x_i 是时间 t 的函数。一个理想的测试系统，其输出量 x_o 应与输入量 x_i 同步改变，且二者随时间的变化规律相同。但实际上，测试系统中由于存在惯性因素，其输出量 x_o 难以同步跟随输入量 x_i 的变化，且只能在一定的频率范围内，对应一定的偏差条件下保持所谓的一致。此时，称输入信号 x_i 与相应的输出信号 x_o 之间的差异为动态误差。研究测试系统动态特性的目的则在于估计和减小动态误差。一个测试系统根据其随时间变化的特性，可分为零阶、一阶、二阶或高阶系统。而任何高阶系统均可以分解成若干个一阶、二阶系统的串并联形式。因此，本节主要介绍一阶测试系统和二阶测试系统的动态特性。

测试系统的动态特性主要有三种数学描述方式：

(1) 时域中的微分方程；

(2) 复频域中的比例函数；

(3) 频率域中的频率特性。

测试系统的动态特性由其系统本身的固有属性决定，因此只要建立上述三种数学模型的任意一种，就可以推导出另外两种描述模型。

1. 传递函数

将输出信号与输入信号的比值定义为测试系统的传递函数。传递函数建立了测试系统输入、输出关系的数学模型，常用来分析系统的动态特性。传递函数为一阶微分方程的系统称为一阶测试系统；同样地，传递函数为二阶微分方程的系统称为二阶测试系统。

(1)一阶测试系统的传递函数

如前所述,任何一种测试仪器或测试系统的指示和记录部分,均可以抽象为由质量等元件组成的弹性系统或由电器元件组成的电气系统。这里以弹性系统为例进行动态特性分析,对于电气系统也可作类似的分析。图1.7所示为典型的质量-弹簧系统。若质量块的质量较小,或对系统特性影响不大,这可以忽略其质量 m,即设 $m=0$。此时,质量-弹簧系统便可简化为质量为零的机械系统。当系统所受外力 f 与系统内部的弹簧的弹力及阻尼器产生的阻力相平衡时,有

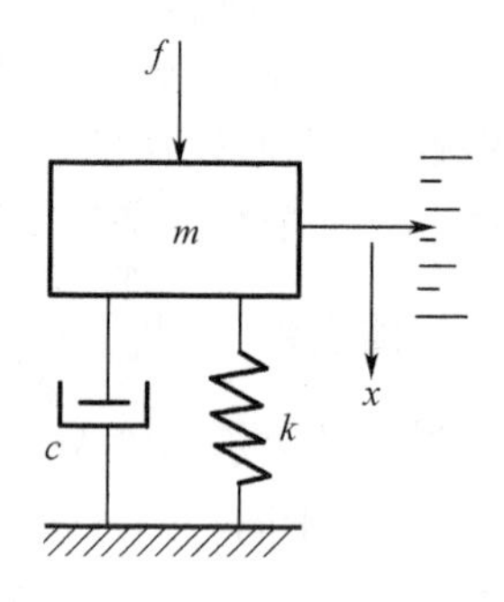

图1.7 质量-弹簧系统

$$c\frac{\mathrm{d}x}{\mathrm{d}t}+kx=f \tag{1-28}$$

式中 k——弹簧刚性系数;

c——阻尼器的阻尼系数。

式(1-28)中的常系数微分方程为一阶方程,故图1.7所示的质量-弹簧系统为一阶系统。实际上,若对式(1-28)中的参数赋予不同的物理意义,则式(1-28)所示的方程可以进行泛化,作为所有一阶系统的时域数学模型。对于一阶系统,定义时间常数为

$$\tau=\frac{c}{k}$$

利用微分算子 D 表示一阶微分,令 $D=\mathrm{d}/\mathrm{d}t$,则式(1-28)可改写为

$$\frac{xk}{f}=\frac{1}{\tau D+1} \tag{1-29}$$

式(1-29)即为当输入信号为外力 f,而输出信号为质量块的位移 x 时,一阶测试系统的传递函数。

对上式进行泛化,利用 x_{i} 表示一阶测试系统的输入,x_{o} 表示系统的输出,则一阶测量系统传递函数的一般形式可表示为

$$\frac{x_{\mathrm{o}}}{x_{\mathrm{i}}}=\frac{1}{\tau D+1} \tag{1-30}$$

(2)二阶测量系统的传递函数

实际上,在某些情况下测试仪器动态模型中的质量是不可以忽略。此时,外界的扰动除了引起质量块的位移,还将使其做一定规律的运动。质量块的这种运动同样也会消耗掉外界输入的能量。因此,当系统在外力 f、质量块 m 运动惯性力、阻尼器产生的阻力及弹簧的恢复力作用下达到平衡时,其状态微分方程为

$$m\frac{\mathrm{d}^2x}{\mathrm{d}t^2}+c\frac{\mathrm{d}x}{\mathrm{d}t}+kx=f \tag{1-31}$$

同样地，利用微分算子 D 表示一阶微分过程，则上式可写为

$$\frac{x}{f}=\frac{1}{mD^2+CD+k} \tag{1-32}$$

式(1-32)即为二阶测试系统的传递函数。定义阻尼率 ζ、系统固有频率 ω_n 与质量-弹簧系统灵敏度 K 分别为

$$\zeta=\frac{c}{2\sqrt{mk}} \tag{1-33}$$

$$\omega_n=\sqrt{\frac{k}{m}} \tag{1-34}$$

$$K=\frac{1}{k} \tag{1-35}$$

则二阶测量系统的传递函数的一般形式可写为

$$\frac{x_o}{x_i}=\frac{K\omega_n^2}{D^2+2\zeta\omega_n D+\omega_n^2} \tag{1-36}$$

2. 一阶测试系统的响应特性

(1)阶跃响应

一般认为，阶跃输入对系统来说是最严峻的工作状态，若系统能够在阶跃输入下满足动态性能要求，那么该系统在其他形式的输入作用下也能获得较满意的动态性能。因此，这里着重讨论测试系统在阶跃输入下的动态响应特性。

阶跃信号的函数表达式为

$$Au(t)=\begin{cases}0 & (t<0)\\ A & (t>0)\end{cases} \tag{1-37}$$

式(1-37)即为一个幅值为 A 的阶跃信号，如图 1.8 所示。该阶跃信号表示了在时间原点 $t=0$ 处幅值突增至 A，且后续保持不变的输入，称 A 为阶跃高度。

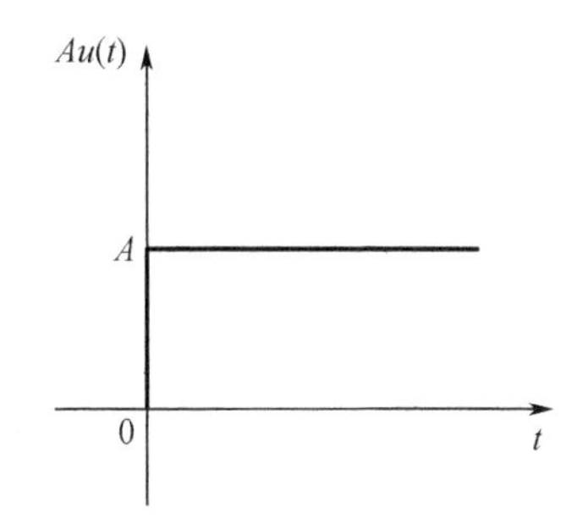

图 1.8　阶跃信号

当测试系统的输入信号为阶跃信号时，其对应的输出称为阶跃响应。由前面分析可知，当已知阶跃响应之后，可通过计算求得与任意随时间变化的输入信号相对应的输出信号。因此，在时间域中阶跃响应可完全表达该系统的动态特性。

当一阶测量系统的输入信号为阶跃信号 $Au(t)$ 时，将其代入式(1-30)可得线性一阶非齐次微分方程，即

$$(\tau D+1)x_o=Au(t) \tag{1-38}$$

线性常系数微分方程的解由对应齐次方程通解和原方程的一个特解组成。因此,首先求式(1-38)的齐次方程的通解 x_{oc}。式(1-38)的特征方程为

$$\tau D+1=0$$

则 D 的根为

$$r=-\frac{1}{\tau}$$

则通解 x_{oc} 为

$$x_{oc}=k\mathrm{e}^{rt}=k\mathrm{e}^{-\frac{t}{\tau}} \tag{1-39}$$

采用特定系数法,由于函数 $Au(t)$ 为零次多项式,因此设方程特解 x_{op} 为

$$x_{op}=C \quad (t>0)$$

将特解 x_{op} 代入式(1-38),求出系数 $C=A$。因此,式(1-38)的解 x_o 为

$$x_o=x_{oc}+x_{op}=k\mathrm{e}^{-\frac{t}{\tau}}+A \tag{1-40}$$

将初始条件 $x_o(0)=0$ 代入式(1-40),求出系数 $k=-A$。

最后,得到微分方程式(1-38)在阶跃输入下的解为

$$x_o=A(1-\mathrm{e}^{-\frac{t}{\tau}}) \tag{1-41}$$

式(1-41)即是一阶测试系统的阶跃响应函数,其曲线如图1.9所示。

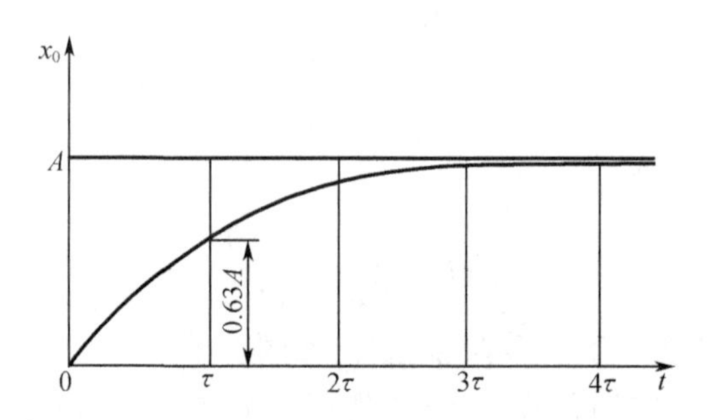

图1.9　一阶测量系统的阶跃响应

由图1.9可以看出,一阶测试系统阶跃响应有如下性质。

①阶跃响应函数是一条初始值为零的指数曲线,随着时间 t 的增大,响应输出最终趋于阶跃幅值 A。由一阶测试系统的响应曲线可知,当对系统输入一个阶跃信号时,系统的输出不能立刻达到输入值,而是经过一段时间方能复现输入变化。测试系统的这种差异称为过渡响应动态误差。

②由图1.9可知,当 $t=\tau$ 时,系统输出响应为 $0.63A$,即在 $t=\tau$ 时刻,输出值达到输入的63%;而当 $t=4\tau$ 时,输出可达输入的98%。由此可以看出,测试系统指数响应曲线的变

化率取决于常数 τ,τ 值越大,曲线趋于输入幅值 A 的时间越长,输出与输入间的差异越大;τ 值越小,曲线趋于 A 的时间就越短,输出与输入间的差异也就越小。实际上,常数 τ 在物理上反映了测试系统的惯性,系统惯性越小,其响应过程就越快;反之,响应就越慢。由于 τ 具有决定响应速度的重要作用,因此称 τ 为测试系统的时间常数。

由于一阶测试系统的时间常数 τ 越小,响应越快,输出与输入间的差异越小,因此减小过渡响应动误差的措施应是尽可能采用时间常数小的测量系统。

(2)频率响应

在初始条件为零的条件下,输出信号的傅里叶变换与输入信号的傅里叶变换之比,称为测试系统的频率响应特性,简称频率特性。在频率域中,频率响应可以完全表达该系统的动态特性。特别是当测量系统的输入信号中包含有若干次谐波分量的正弦(余弦)信号时,系统的动态特性受频率响应的影响是不能忽视的。在分析频率响应时,为简便起见,常采用复数形式来表示输出和输入信号。

设输入信号为余弦信号 $x_i = Ae^{j\omega t}$,将其代入一阶测试系统传递函数式(1-30)可得

$$(\tau D + 1)x_o = Ae^{j\omega t} \tag{1-42}$$

求式(1-42)对应的齐次方程的通解 x_{oc},其特征方程为

$$\tau D + 1 = 0$$

对于参数 D,式(1-42)是一元一次函数,求出 D 的根 γ 为

$$\gamma = -\frac{1}{\tau}$$

因此,式(1-42)对应的齐次方程的通解 x_{oc} 为

$$x_{oc} = ke^{rt} = ke^{-\frac{t}{\tau}} \tag{1-43}$$

采用待定系数法求微分方程式(3-22)的特解。根据微分方程右边为 $Ae^{j\omega t}$ 形式,设特解 x_{op} 为

$$x_{op} = Be^{j(\omega t + \phi)} \tag{1-44}$$

式(1-44)中 B 为待定常量,这里将其作为已知量。因此,式(1-42)的解为

$$x_o = x_{oc} + x_{op} = ke^{-\frac{t}{\tau}} + Be^{j(\omega t + \phi)} \tag{1-45}$$

由方程解的形式可以看出,一阶测试系统的频率响应由 $ke^{-\frac{t}{\tau}}$(通解)和 $Be^{j(\omega t + \phi)}$(特解)两部分组成。其中,前一部分响应 $ke^{-\frac{t}{\tau}}$ 按负指数规律变化,响应初始值为 k,当 t 增大时,响应 x_{oc} 趋于零。因此根据 x_{oc} 的上述特点,称这一部分响应为过渡响应部分。过渡响应部分的长短取决于时间常数 τ,τ 越小,过渡部分越短,输入更趋近于输入。后一部分响应 $Be^{j(\omega t + \phi)}$ 为与输入余弦信号同频、幅值为 B、初始相位为 ϕ 的余弦信号。该响应随时间作规律变化,较好地复现了输入信号特征,因此称之为稳态阶段的响应。一阶测试系统的余弦信号响应曲线如图1.9所示。从图1.9中可以看出:输入信号振幅为 A,而输出信号的振幅

则为 B;输出信号与输入信号之间相位差为 ϕ;当输入信号振幅 A 一定时,输出信号振幅 B 和相位差 ϕ 都随频率 ω 而变化。将振幅比 B/A 和相位差 ϕ 随频率 ω 的变化规律称为频率响应。在频率域中,频率响应可以完全表达该系统的动态特性。

求解幅值比和相位随频率 ω 的变化规律,则

$$\frac{\mathrm{d}x_{op}}{\mathrm{d}t}=\mathrm{j}\omega B\mathrm{e}^{\mathrm{j}(\omega t+\phi)}=\mathrm{j}\omega x_{op}=Dx_{op} \tag{1-46}$$

将其代入式(1-42)可得

$$(\mathrm{j}\omega\tau+1)B\mathrm{e}^{\mathrm{j}(\omega t+\phi)}=A\mathrm{e}^{\mathrm{j}\omega t}$$

即

$$\frac{B\mathrm{e}^{\mathrm{j}(\omega t+\phi)}}{A\mathrm{e}^{\mathrm{j}\omega t}}=\frac{B}{A}\mathrm{e}^{\mathrm{j}\phi}=\frac{1}{\mathrm{j}\omega t+1} \tag{1-47}$$

定义信号输出与输入之比为一阶测量系统的频率响应函数,由式(1-47)知,幅值为输出与输入振幅比 B/A,即

$$\frac{B}{A}=\frac{1}{\sqrt{\omega^2\tau^2+1}} \tag{1-48}$$

式(1-48)表示输入输出信号振幅比 B/A 随输入信号频率 ω 的关系,是一阶测量系统的幅频特性表达式。

通过式(1-47)还可知,输出信号与输入信号间的相位差 ϕ 为

$$\phi=-\arctan\omega\tau \tag{1-49}$$

其中,负号表示输出滞后于输入。式(1-49)表示了输入输出信号相位差 ϕ 随输入信号频率 ω 的关系,称为一阶测量系统的相频特性。

综上所述,系统的频率响应特性由幅频特性和相频特性组成。一阶测量系统的幅频响应和相频响应如图1.10所示。由图可以总结出一阶测试系统的频率响应特性如下:

①振幅比 B/A 随 ω 增大而减小;相位差随 ω 增大而增大。B/A 和 ϕ 表示输出信号与输入信号之间的差异,称为稳态响应动误差。

②系统的频率响应取决于时间常数 τ。由式(1-48)和(1-49)可知,当时间常数 τ 确定之后,幅频特性和相频特性即完全确定。由图1.9可求得任意 τ 值时一阶测量系统的频率响应。若将横坐标 $\omega\tau$ 改换成 ω,即将原横坐标刻度值除以 τ,对于能够保证振幅、相位失真较小的横坐标上限 $\omega\tau=0.3$,当 $\tau=0.3$ s时,所对应的频率为 $\omega=1$ rad/s;当取 $\tau=3$ s时,则对应的频率应为 $\omega=0.1$ rad/s。可见,当时间常数 τ 越小时,失真小的工作频率范围越宽;反之,当 τ 越大时,则工作频率范围越窄。

由此可见,对于一阶测量系统,无论是要减小输出信号与输入信号的响应时间,还是要减小稳态响应动态误差,均应尽可能地减小系统的时间常数 τ。

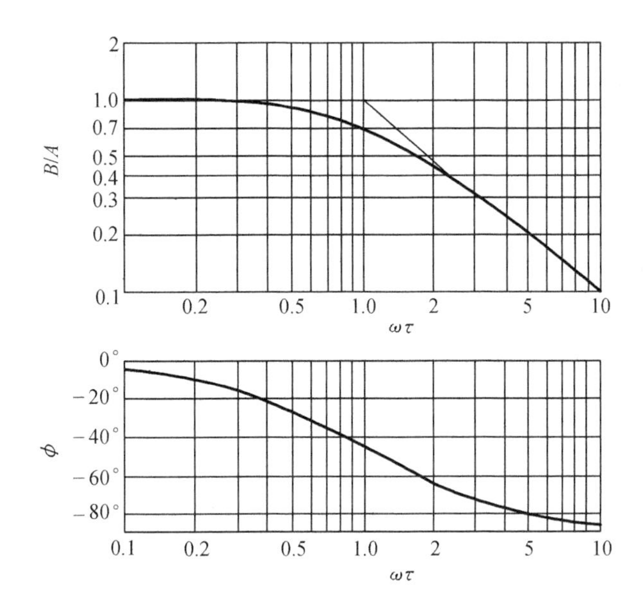

图 1.10　一阶测量系统的频率响应特性

3. 二阶测试系统的响应特性

(1)阶跃响应

将阶跃信号 $x_i = Au(t)$ 代入式(1 - 36)可得二阶测试系统的阶跃响应表达式为

$$(D^2 + 2\zeta\omega_n D + \omega_n^2) = K\omega_n^2 Au(t) \tag{1-50}$$

由拉普拉斯变换可知,式(1 - 50)的特征方程为

$$D^2 + 2\zeta\omega_n D + \omega_n^2 = 0 \tag{1-51}$$

则 D 的根 r_1, r_2 分别为

$$\begin{cases} r_1 = (-\zeta + \sqrt{\zeta^2 - 1})\omega_n \\ r_2 = (-\zeta - \sqrt{\zeta^2 - 1})\omega_n \end{cases} \tag{1-52}$$

随着 ζ 有三种不同情况,根 r_1 和 r_2 将不同,则微分方程式(1 - 50)有三种解。

①当 $\zeta > 1$ 时,根 r_1 和 r_2 为实根。式(1 - 50)的齐次方程的通解 x_{oc} 为

$$x_{oc} = k_1 e^{r_1 c} + k_2 e^{r_2 c}$$

求式(1 - 50)非齐次微分方程的特解 x_{op}。采用待定系数法,根据函数 $Au(t)$ 是零次多项式,则设特解 x_{op} 为常数

$$x_{op} = c$$

代入式(1-50)中,则定出系数 $c=KA$。因此,式(1-50)的通解 x_{oc} 为

$$x_o = x_{oc} + x_{op} = KA + k_1 e^{r_1 c} + k_2 e^{r_2 c} \tag{1-53}$$

考虑初始条件,即 $t=0$ 时,$x_o=0$,$x'_o=0$,从而可得

$$\begin{cases} k_1 = -KA\left(\dfrac{r_2}{r_2-r_1}\right) \\ k_2 = KA\left(\dfrac{r_1}{r_2-r_1}\right) \end{cases}$$

将其代入式(1-53)得

$$x_o = KA\left\{1 - \frac{\zeta+\sqrt{\zeta^2-1}}{2\sqrt{\zeta^2-1}} e^{(-\zeta+\sqrt{\zeta-1})\omega_n t} + \frac{\zeta-\sqrt{\zeta^2-1}}{2\sqrt{\zeta^2-1}} e^{(-\zeta-\sqrt{\zeta^2-1})\omega_n t}\right\} \tag{1-54}$$

式(1-54)便是当 $\zeta>1$ 时,二阶测试系统的阶跃响应函数。

②当 $\zeta=1$ 时,根 r_1 和 r_2 为两个相等的实根。特征方程的解为

$$r_1 = r_2 = r = -\omega_n$$

此时,齐次方程式(1-50)的通解 x_{oc} 为

$$x_{oc} = e^{rt}(k_1 + k_2 t)$$

接下来求非齐次微分方程式(1-50)的特解 x_{op},这里仍采用待定系数法。根据函数 $Au(t)$ 是零次多项式,则设特解 x_{op} 为常数,即

$$x_{op} = c$$

代入式(1-50),则定出系数 $c=KA$。因此式(1-50)的通解 x_o 为

$$x_o = x_o + x_{oc} + x_{op} = KA + e^{rt}(k_1 + k_2 t) \tag{1-55}$$

考虑初始条件,即 $t=0$ 时,$x_o=0$,$x'_o=0$,从而求得 k_1,k_2,有

$$\begin{cases} k_1 = -KA \\ k_2 = KA \end{cases}$$

代入式(1-55)得

$$x_o = KA[1-(1+\omega_n t)e^{-\omega_n t}] \tag{1-56}$$

式(1-56)便是当 $\zeta=1$ 时,二阶测量系统的阶跃响应函数。

③当 $\zeta<1$ 时,根 r_1 和 r_2 为共轭复根。特征方程的根 r_1 和 r_2 为

$$\begin{cases} r_1 = -\zeta\omega_n + j\omega_n\sqrt{1-\zeta^2} \\ r_2 = -\zeta\omega_n - j\omega_n\sqrt{1-\zeta^2} \end{cases}$$

式(1-50)的齐次方程的通解 x_{oc} 为

$$x_{oc} = Be^{\alpha t}\sin(\beta t + \phi)$$

式中　α——根的实部；

β——根的虚部；

B,ϕ——任意常数。

求非齐次微分方程式(1－50)的特解 x_{op}。采用待定系数法，根据函数 $Au(t)$ 是零次多项式，则设特解 x_{op} 为常数

$$x_{op}=c$$

代入式(1－50)，则可定出系数 $c=KA$。因此，式(1－50)的通解 x_o 为

$$x_o=x_{oc}+c_{op}=KA+B\mathrm{e}^{at}\sin(\beta t+\phi) \tag{1-57}$$

考虑初始条件，即 $t=0$ 时，$x_o=0,x_0'=0$，从而求得 B 和 ϕ，即

$$\begin{cases}B=-\dfrac{KA}{\sqrt{1-\zeta^2}}\\ \phi=\arcsin\sqrt{1-\zeta^2}\end{cases}$$

代入式(1－57)得

$$x_o=KA\left[1-\frac{\mathrm{e}^{-3\omega_t t}}{\sqrt{1-\zeta^2}}\sin(\sqrt{1-\zeta^2}\,\omega_n t+\arcsin\sqrt{1-\zeta^2})\right] \tag{1-58}$$

式(1－58)便是当 $\zeta<1$ 时，二阶测量系统的阶跃响应函数。

二阶测量系统的阶跃响应函数曲线如图1.11所示。图中纵坐标取 x_o/KA 横坐标取 $\omega_n t$，使之无量纲化。

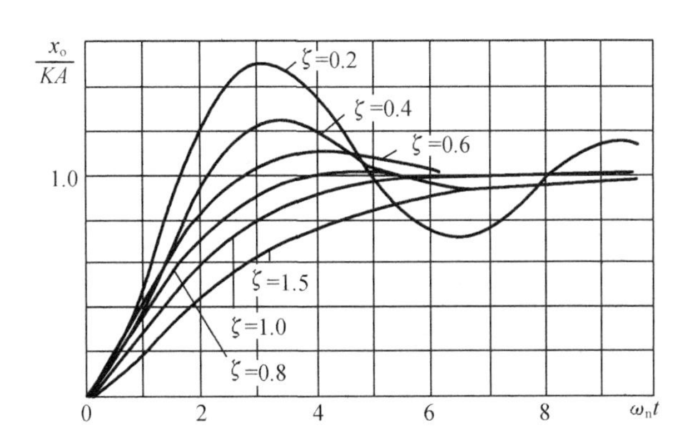

图1.11　二阶测量系统阶跃响应

由图1.11可以看出，二阶测量系统阶跃响应有如下性质。

①阶跃响应函数曲线的形状有三种

a. 当 $\zeta>1$（过阻尼）时，随着 $\omega_n t$ 的逐渐增大，响应 x_o/KA 趋近于 1，然而其幅值不会超过 1；

b. 当 $\zeta<1$（欠阻尼）时，响应幅值 x_o/KA 逐渐上升，且必然会超过 1，然后在 1 附近作振幅逐渐减小的振动；

c. 当 $\zeta=1$（临界阻尼）时，测试系统的响应变化介于前两者之间，不产生振动。

由此可明显地看出输入和输出之间的差异：输入信号为一个阶跃曲线，而输出则是上述三种曲线之一，即输出不能立刻达到输入值，而是要经过一段时间之后，才能达到输入对应值，这种差异称为过渡响应动误差。

此外，一阶和二阶测量系统阶跃响应之间也有很大不同。最明显的是一阶测量系统的阶跃响应不会出现振动，而二阶测量系统当 $\zeta<1$（欠阻尼）时，将产生振动。

②测量系统的响应速度取决于 ζ

ζ 值过大，趋于最终值的时间过长；ζ 值过小，由于会产生振动的缘故，趋于最终值的时间仍然很长。实际上，ζ 表示了测试系统的阻尼程度，称其为阻尼率。为了提高响应速度，通常将测试系统的阻尼率设计为 $\zeta=0.6\sim0.8$。

③测量系统阶跃响应速度将随 ω_n 的变化而不同

ω_n 是当阻尼率 $\zeta=0$ 时的圆频率，称为固有圆频率。为便于分析，将图 1.11 中横坐标 $\omega_n t$ 改为 t，即将原图中横坐标除以 ω。此时，若取 $\omega=1$ rad/s，则横坐标为原刻度；若取 $\omega_n=0.5$ rad/s，则原横坐标的 $\omega_n t=1$ 处即相当于现在的横坐标 $t=2$ s 处。比较两种圆频率下测试系统响应曲线的变化：当 x_o/KA 达到同一对应高度时，对于 $\omega_n=1$ 的测试系统，其阶跃响应仅需要 1 s 时间，而对于 $\omega_n=0.5$ 的测试系统，则需要 2 s 的时间。由此可见，在 ζ 一定时，ω_n 越大则响应速度越高；反之，ω_n 越小则响应速度越低。

由于二阶测量系统的响应速度取决于系统的阻尼率 ζ 和固有频率 ω_n，因此为提高测试系统的响应速度、减小过渡响应动误差，应取测量系统阻尼率 $\zeta=0.6\sim0.8$，同时还应使测量系统的固有频率 ω_n 尽可能提高。

（2）频率响应

设输入信号为余弦信号 $x_i=Ae^{j\omega t}$，则由式（1-36）中可得二阶测试系统的响应函数为

$$(D^2+2\omega_n D+\omega_n^2)x_o=K\omega_n^2Ae^{j\omega t} \tag{1-59}$$

为便于分析，令灵敏度 $k=1$，并用 $j\omega$ 代替微分算子 D，则式（1-59）可简化为

$$[1-(\omega/\omega_n)^2+j2\zeta(\omega/\omega_n)]x_o=Ae^{j\omega t}$$

因此振幅比为

$$B/A=\frac{1}{\sqrt{[1-(\omega/\omega_n)^2]^2+[2\zeta(\omega/\omega_n)]^2}} \tag{1-60}$$

式（1-60）表示振幅比 B/A 与频率 ω 的关系，为二阶测试系统的幅频特性的表达式。

输入输出信号的相位差为

$$\phi = -\arctan \frac{2\zeta(\omega/\omega_n)}{1-(\omega/\omega_n)^2} \tag{1-61}$$

式(1-61)表示相位差 ϕ 与频率 ω 的关系,为二阶测试系统的相频特性表达式。

二阶测量系统的幅频特性和相频特性曲线如图 1.12 所示。其横坐标为频率比 ω/ω_n,而纵坐标则分别为振幅 B/A 和相位差 ϕ。

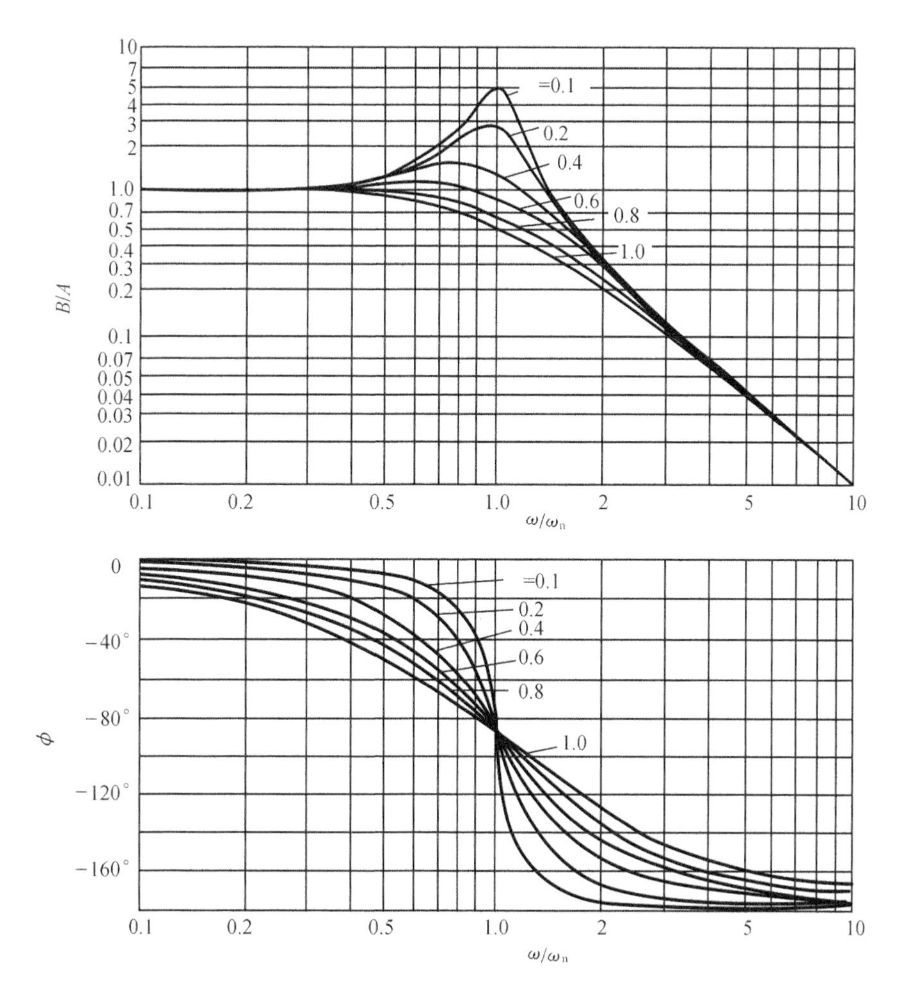

图 1.12　二阶测量系统响应特性

由图 1.12 可以看出，二阶测量系统的频率响应有如下性质。

①系统的频率响应随阻尼率 ζ 而不同

当 ζ 较小时，输入信号幅值将被放大，即 $B/A>1$；当 ζ 较大时，则输入信号幅值发生衰减，即 $B/A<1$。在上述两种情况下，输入－输出等幅值（$B/A=1$）对于的频率范围都比较小。而只有在 $\zeta=0.6\sim0.8$ 时，$B/A=1$ 的范围最大。而且这时 ϕ 与频率 ω 近似呈线性关系。所以为了在较宽的频率范围内获得稳态响应动误差较小，二阶测量系统的阻尼率应取 $\zeta=0.6\sim0.8$。

②系统的频率响应随固有圆频率 ω_n 的不同而不同

在图 1.12 中，横坐标为 ω/ω_n，此时，若将横坐标换成 ω，即将原横坐标的刻度都乘以 ω_n，分析固有频率对测试系统频率响应的影响。由 1.12 可知，$\omega/\omega_n=0.5$ 是输出信号能较好复现输入信号的域值。此时，取固有频率 $\omega_n=1\ 000$ rad/s 时，与之对应的输入信号频率 $\omega=500$ rad/s；而当取固有频率 $\omega_n=100$ rad/s 时，输入信号频率仅为 $\omega=500$ rad/s。由此可见，固有频率 ω_n 越高，稳态响应动误差小的工作频率范围越宽；反之，当 ω_n 越低时，工作频率范围越窄。

由此可见，二阶测量系统，减小稳态响应动误差的措施是取测量系统阻尼率 $\zeta=0.6\sim0.8$，测量系统的固有频率 ω_n 应尽可能高。

最后需要说明的是，本节为方便起见，只讨论了连续时间系统的基本特性，对于离散时间系统未作详细介绍，如 1.2 节中介绍的具有采样/保持功能的计算机测试系统，其输入 $x(nT)$（多路模拟开关之后）与输出 $y(nT)$ 是关于采样时刻 nT 的时间序列。当采样时间间隔 T 足够小时，输入信号 $x(nT)$ 与输出信号 $y(nT)$ 的关系可由差分方程表示。

第2章　误差分析与数据处理

测量就是用特定的工具和方法，通过实验手段将被测物理量与选作标准单位的同名物理量进行比较，以得到两者之间比值的过程。其中，两种物理量的比值称为被测物理量的数值，而选作计量单位的标准量称为单位。显然，测量结果应该由数值和单位两部分组成。

根据测量方式的不同，物理量的测量可分为直接测量、间接测量和组合测量。被测量的数值可以直接从测量仪器上读取的测量方式，称为直接测量。例如玻璃管液体温度计测温、天平测量物体质量等。被测量无法通过测量仪器直接获取，而需要将被测量转化为若干个可直接测量的量并进行测量，而后再依据由定义或规律导出的关系式进行计算或作图，从而间接获得测量结果的测量方法，称为间接测量。例如，利用单摆测量重力加速度 g 时，周期 T 和摆长 l 是直接测量量，重力加速度 g 是间接测量量。组合测量是指在测量中，各个未知量以不同组合形式出现(或改变测量条件以获得不同的组合)，根据直接测量或间接测量所得数据，通过求解联立方程组求得未知量的数值的测量方式。例如，在利用热电阻温度计测温时，为确定热电阻温度计的温度系数，首先需测得在不同温度下的电阻值，然后再通过求解联合方程获得温度系数。需要指出的是，直接测量与间接测量并非绝对的，通常与测量仪器的选择有关。随着传感、测试等技术的发展，更多的间接测量将转化为直接测量。

任何一个被测量客观上都存在一个唯一确定的值，这个值称为真值。真值是未知量，测量的目的就在于力求得到被测量的真值。事实上，由于受到测量方法、测试仪表、周围环境及测试人员的水平等因素的影响和限制，真值是无法得到的，因此真值是纯理论上的定义值。测量所得到的测量结果则称为测量值，而测量值与真值之差称为测量值的误差，简称误差。任何测量均存在误差，换言之，误差是不可避免的。因此，必须对测量误差进行分析、计算。对于测试得到的数据，除了要分析其测量精度外，有时还要找出物理量间的依赖关系或变化规律，确定各物理量的内在联系。对测量数据进行科学的分析和处理是实现上述目的的重要手段。本章在最后将介绍几种常用的数据处理方法。

2.1 直接测量误差分析

直接测量误差既指测量方式为直接测量时的误差，也指间接测量中通过直接测量获取的中间量的测量误差。直接测量误差分析的目的，在于通过对直接测量中产生的误差性质及其产生原因进行分析，使得误差能够得以消除、修正或限定在允许的范围之内。在测量过程中产生误差的原因是多种多样的，需要按照其出现规律及对测量结果的影响进行分别研究。

2.1.1 直接测量误差的分类

一般来说，可以按照误差的性质、表示方法和产生原因对直接测量中的误差进行分类。

1. 按误差的性质分类

按照误差的性质，直接测量误差可分为系统误差、随机误差和过失误差。

(1)系统误差

在重复测量中，误差的量值保持恒定或是遵循一定的规律变化的误差称为系统误差。系统误差也称恒定误差或常差，其特点是具有确定性、规律性和可修整性。从系统误差的定义可以看出，在实验中增加测量次数并不能减小系统误差的影响。但是，由于可以确知这些因素的出现规律，因此可以对系统误差加以控制，或是根据其影响程度对测量结果进行修正，从而在测量中消除系统误差。系统误差按照掌握程度可以分为已定系统误差和未定系统误差。其中，已定系统误差是指误差取值的变化规律及其符号、大小均能确切掌握的分量。未定系统误差指的是不能确切掌握误差取值变化规律或其取值的分量。对于未定系统误差，一般只能估计其限值或分布特征值。测量仪表的基本允许误差主要属于未定系统误差。

(2)随机(偶然)误差

重复测量中以不可预知的方式而变化的测量误差称为随机误差。随机误差是由许多未知的或微小的因素综合影响的结果。这些因素出现与否以及它们的影响程度都是难以确定的，因此无法在测量过程中加以控制和排除，随机误差必然存在于测量结果中。随机误差就个体而言是不确定的，但其总体分布服从一定的统计规律，可以利用统计的方法估算其对测量结果的影响。在一般的测量中，由于随机误差多服从于正态分布，因此可以利用多次测量的平均值作为被测量真值的最佳近似值。

（3）过失误差

由于测量者在测量过程中的过失而产生的与事实不符的误差称为过失误差，也称为差错。过失误差具有明显的不合理性，易被发现。对含有过失误差的测量结果应舍弃不用。判断测量结果异常值的方法主要有莱依特准则（3σ 准则）、格拉布斯准则和肖维纳准则等。

2. 按误差的表示方法分类

按照误差的表示方法，测量误差可分为绝对误差和相对误差。设被测量的真值为 A，其测量值为 X，则绝对误差 Δx 为可表示为

$$X - A = \pm \Delta x \tag{2-1}$$

绝对误差 Δx 与测量值 X 的比值称为相对误差，以百分比表示为

$$\delta = \frac{\Delta x}{X} \times 100\% \tag{2-2}$$

由绝对误差与相对误差的定义式可以看出，绝对误差 Δx 表示了误差在数值上的大小，而相对误差 δ 表示的是误差的相对值，可以用来评价测量准确性。对于某些测试仪表，绝对误差为其量程与精确度的乘积。这也说明为提高测试准确性，在选择测试仪表时应尽量使测量值不小于满量程的 2/3。一般来说，一次测量结果要表示成测量值与绝对误差的加和形式，同时也要给出本次测量的相对误差。

2.1.2　系统误差分析

在许多情况下，系统误差的表现往往不明显，且其无法通过多次重复测量消除对测量结果的影响。因此，在一定程度上，系统误差是影响测量结果准确度的主要因素，有些系统误差甚至会给实验结果带来严重的影响。因此，及时发现系统误差，并修正、减弱或消除其对测量结果的影响，是测量误差分析的重要内容。一般来说，产生系统误差的原因主要有以下几个方面。

1. 仪器误差

仪器误差指的是由于测量仪器的精度、特性、安装及磨损等原因产生的有一定规律性的误差。

（1）精度

如前所述，根据测量仪器的精度等级及满量程刻度值便可确定出该测量仪器在使用说明书给定的条件下运行时的绝对误差大小，这是最基本的系统误差。如某型电压表，其精度等级为 1.0 级，量程为 300 V，则可求得其绝对误差为 $\Delta x = \pm 300 \times 1.0\% = \pm 3$ V。

(2)特性

测量仪器的特性,也是产生系统误差的主要原因之一。因此,必须根据使用说明书给出的测量仪器的静态特性和动态特性来正确选择测量仪器。尤其是当被测量为周期信号、准周期信号、瞬态信号时,测量仪器的动态特性是产生误差的重要原因。

(3)安装与调整

测量仪器必须严格遵照使用说明书所要求的安装条件进行安装与调整。否则,所产生的系统误差的量值将超过该仪器精度等级所给出的范围。

(4)零件磨损或元件变质

在长期使用后,测量仪器的零部件的磨损或电气元件的变质也会对测量结果产生影响。因此,必须对测量仪表进行定期校验。

2. 环境误差

测量仪表使用说明书均应给出该仪表正常工作的压力、温度、湿度、振动、电磁场情况、电源电压等环境条件。当测量仪表使用时的实际环境与说明书所给定的环境条件不符时,将会产生附加误差。如 DZ - 30 型电动转速表使用说明书给定的环境温度为 20 ℃ ±5 ℃,这表示该转速表只有在环境温度为 20 ℃ ±5 ℃的条件下使用时,其精度等级才能达到 1.5 级。若环境温度从 25 ℃上升到 50 ℃或从 15 ℃下降到 0 ℃时,还要产生附加误差 ±1%,这时总误差应等于基本误差与附加误差之和,即 $\pm(1.5\% + 1\%) \times 3\ 000 = \pm 75$ r/min。

由于测量误差与测量仪表的环境条件有密切关系,因此在记录测量结果时,需同时记录环境条件。

3. 人为误差

由于测量者的技术水平或错误习惯所产生的有规律性的误差,称为人为误差。例如,在采用停表计时方式测时间过程中,习惯于超前或滞后计数;对仪表读数时有习惯性的偏视;利用温度计测温时,在温度稳定之前便开始读数等。

4. 理论或方法误差

由于测量方法不当或是由于理论的近似性所产生的有规律性的误差,称为理论或方法误差。例如,当使用电容式变换器测量喷油器针阀升程时,由于电容式变换器的动片是安装在喷油器针阀顶杆上,因此喷油器针阀运动系统的质量增加了,于是便会产生有规律性的误差;再如,热力学实验中常将某个过程假设为准静态绝热过程,而实际上这是无法达到的。

系统误差尽管产生的原因各有不同,但是系统误差的特点,具有一定规律性。因此,可以根据系统误差产生的原因,采取适当的措施对系统误差进行修正或消除。只有在确信测量结果中系统误差已被消除或修正之后,方可进行随机误差分析。常用的系统误差消除方法主要包括以下几种:

(1)零示法

消除指示仪表的指示偏差,如采用电位差计、天平等。

(2)替代法(置换法)

测量条件不变,而采用一个标准已知量代替被测量,并调整标准量以使仪器显示读数不变。此时,所使用的标准量即为被测量的测量结果。基于电桥电路平衡条件的测量方法是替代法的一个典型应用。

(3)变换法

将引起误差条件进行交换,以抵消误差。例如,为消除天平不等臂而产生的系统误差,可将被测物作交换测量;在对径测量方法中,可通过对分光计度盘相隔 180°角的两端示数取平均,消除测量中的偏心差。

(4)校准法

利用标准仪器校准后的修正量或修正曲线,校正测量值。

(5)等距观测法(对称观测法)

等距双测法可用来消除随时间线性变化的系统误差。具体做法是等时间间隔采集标准量和被测量,若在标准量的两次采集 a_1, a_2 的中间时刻对被测量进行测量,则标准量的平均值 $a=(a_1+a_2)/2$ 即为被测量。实际上,许多系统误差都是随时间变化的,且在短时间内变化过程均可认为是线性的。即使是复杂的误差变化,其一阶近似也是线性的。因此,常采用等距观测法对仪器仪表进行校准。

(6)补偿法

该方法常用于补偿条件变化的或仪器中存在非线性误差,如热电偶测温时的冷端补偿。

2.1.3　随机误差分析

如前所述,对同一物理量进行多次测量时,测量结果的随机误差服从一定的统计规律,可以用概率统计特性来描述。理论和实践证明,因此可以利用等精度测量的平均值减小测量的随机误差。等精度测量,是指在使用相同的测量仪表在相同的环境条件下,由同一测量者以同样的注意力所进行的测量。也就是说,是在可能影响测量精度的一切条件完全相同的情况下,对同一被测量进行的多次测量。设在一定条件下,被测量的真值为 A,进行 n 次等精度的测量结果分别为 $X_1, X_2, \cdots, X_n$,则各测量值出现的概率密度分布可用正态分布函数表示,即

$$p(x)=\frac{1}{\sigma\sqrt{2\pi}}\exp\left[\frac{-(X-A)^2}{2\sigma^2}\right] \tag{2-3}$$

若令误差为

$$X - A = \Delta x$$

则式(2－3)可改写成

$$p(\Delta x) = \frac{1}{\sigma\sqrt{2\pi}}\exp\left[\frac{-(\Delta x)^2}{2\sigma^2}\right] \tag{2-4}$$

其中,σ 为标准误差,是测量值 X 的方差的正平方根。即

$$\sigma = \langle(\Delta x)^2\rangle^{\frac{1}{2}} = \langle(X - A)^2\rangle^{\frac{1}{2}} \tag{2-5}$$

其中,算子〈 〉表示对变量求统计平均。

标准误差 σ 亦可写成

$$\begin{aligned}\sigma &= \lim_{n\to\infty}\sqrt{\frac{1}{n}\sum_{i=1}^{n}(\Delta x_i)^2} \\ &= \lim_{n\to\infty}\sqrt{\frac{1}{n}\sum_{i=1}^{n}(X_i - A)^2}\end{aligned} \tag{2-6}$$

标准误差 σ 为正数,其数值大小取决于测量条件。

函数 $p(\Delta x)$ 曲线如图 2.1 所示,称为正态分布曲线,亦称高斯曲线。

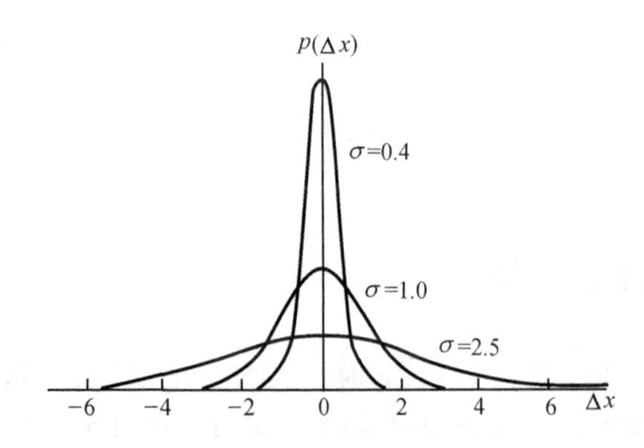

图 2.1 正态分布曲线

随机误差具有下列四个性质:

(1)对称性

随机误差可以是正数,也可以是负数,但绝对值相等的正误差和负误差出现的概率相等,概率密度分布曲线 $p(\Delta x)$ 对称于纵轴。

(2)单峰性

绝对值小的误差出现的概率大,而绝对值大的出现的概率小。当 $\Delta x = 0$ 时,概率取得最大值。

(3)抵偿性

随着对同一被测量进行的等精度测量次数的不断增加,随机误差的代数和趋近于零。该性质说明增加测量次数可以有效减小测量中随机误差的影响。

(4)有界性

在一定的条件下,绝对值大的误差出现的概率趋近于零。这就表示随机误差的绝对值不超过某一限度。

对于随机误差满足正态分布的测量,系统误差和随机误差可用图2.2表示。

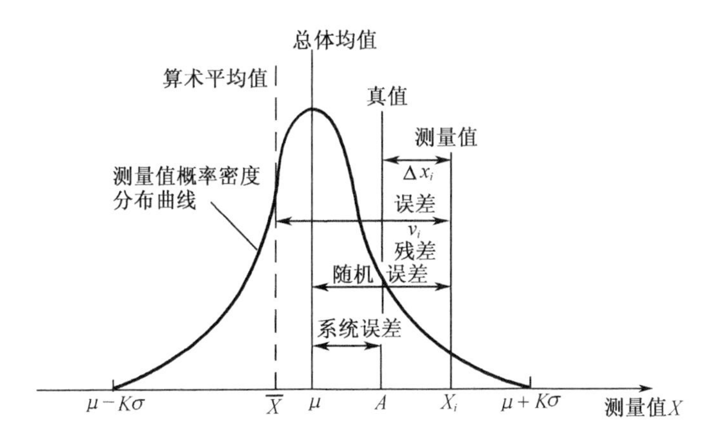

图2.2 系统误差与随机误差

图2.2中,A 为被测量的真值,X 为测量值,其概率分布曲线为正态分布曲线。测量值 X 在数轴上的位置(总体均值 μ)反映了系统误差的大小,而曲线的形状(由标准误差 σ 决定)确定了随机误差分布范围($\mu - K\sigma, \mu + K\sigma$)。从图中可以看出,由于系统误差的存在,测量值的总体均值 μ 偏离真值 A。

为了显示区别,记第 i 次测量的系统误差为 δ_i,随机误差为 ε_i,则误差为

$$\Delta x_i = \delta_i + \varepsilon_i \tag{2-7}$$

在相同的测试条件下,可以认为系统误差是恒定不变的,即 $\delta_i \equiv \delta$。则 n 次测量误差平均值为

$$\frac{1}{n}\sum_{i=1}^{n}\Delta x_i = \delta + \frac{1}{n}\sum_{i=1}^{n}\varepsilon_i \tag{2-8}$$

当测量次数趋于无穷时，即 $n \to \infty$，由随机误差的抵偿性可知

$$\lim_{n \to \infty} \frac{1}{n} \sum_{i=1}^{n} \varepsilon_i = 0 \tag{2-9}$$

则式(2-8)可整理为

$$\frac{1}{n} \sum_{i=1}^{n} \Delta x_i = \delta = \frac{1}{n} \sum_{i=1}^{n} (X_i - A) = \mu - A \tag{2-10}$$

当系统误差 $\delta = 0$ 时，有

$$\mu = A \tag{2-11}$$

由此可以看出，只有当系统误差为零时，多次测量的均值才等于真值 A。

在任何测量中，系统误差与随机误差总是同时存在的。必须按照它们对测量结果的影响分别予以处理。若当系统误差远大于随机误差的影响时，相对而言，此时可将随机误差忽略不计，可按纯系统误差处理；而在系统误差已经得到修正或减小到可以忽略不计时，可按纯随机误差处理；若是发现系统误差和随机误差的影响属于同一数量级，并相差无几时，必须分别按各自的方法处理。

2.1.4 最佳估值与标准误差

1. 最佳估值

在数理统计中，将某一随机变量 X 所取的每一个可能值称为样本函数(个体)，而将所取的一切可能值的全体称为总体(母体)，将只包含有限个个体的全体称为“子样”，将子样所容纳的个体数目 n 称为“子样大小”(子量容量)，将从母体中随机抽样的子样称为随机子样。

设在 n 次等精度测量中，所测得的值分别为 $X_1, X_2, \cdots, X_n$，则其算术平均值为

$$\overline{X} = \frac{1}{n} \sum_{i=1}^{n} X_i = \frac{1}{n}(X_1 + X_2 + \cdots + X_n) \tag{2-12}$$

记被测量的真值为 A。可以证明：若不计测量中的系统误差，当测量次数 n 为无穷大时，测量值的算术平均值 $\overline{X}$ 的数学期望 $E(\overline{X})$ 即是真值 A，即

$$E(\overline{X}) = E\left(\frac{1}{n} \sum_{i=1}^{n} X_i\right) = \frac{1}{n} \sum_{i=1}^{n} E(X_i) = \frac{1}{n} \sum^{n} A = \frac{1}{n} \cdot n \cdot A = A \tag{2-13}$$

但必须指出的是，只有当测量次数 n 为无穷大时，n 次等精度测量值 $X_i (i = 1, 2, \cdots, n)$ 的算术平均值 $\overline{X}$ 才收敛于其数学期望 A。而当测量次数 n 为有限时，$\overline{X} \neq A$。但利用最小二

乘法的基本原理可以证明，$\overline{X}$ 是真值 A 的最佳估值。因此，将算术平均值 $\overline{X}$ 称作被测量的最佳估值（最可信赖值）；将测量值与算术平均值之差 $X_i - \overline{X} = v_i$ 称为残差或称剩余误差。

2. 标准误差

测量值的标准误差定义由式（2－6）给出，即

$$\sigma = \lim_{n\to\infty}\sqrt{\frac{1}{n}\sum_{i=1}^{n}(\Delta x_i)^2}$$

其数值的大小取决于具体的测量条件，测量值的标准误差可以表征随机误差出现的概率密度分布情况。在图 2.1 所示的三条正态分布曲线中可见，σ 值越小则曲线越尖锐，这表示小误差出现的概率大，而大误差出现的概率小，测量的精密度越高。因此，测量值的标准误差 σ 可用来作为衡量测量值精密度的标准。

由式（2－6）可知，标准误差 σ 是在测量次数 n 为无穷大的条件下定义的。然而在实际工程测量中，测量次数 n 不可能是无限的，而只能是有限的。对于测量次数 n 为一个有限值的等精度测量而言，实际上只能求得测量值的算术平均值（最佳估值 $\overline{X}$）和残差 v_i。这时，可以利用有限测量次数 n 和测量值的算术平均值 $\overline{X}$ 对标准差 σ 进行估算。为了区别于无限测量次数下的标准误差 σ，记有限次测量值的算术平均值 $\overline{X}$ 的标准误差为 $\sigma_{\overline{X}}$。根据方差的基本运算法则可以列出算术平均值 $\overline{X}$ 的标准误差为

$$\begin{aligned}
\sigma^2(\overline{X}) &= \sigma^2\left(\frac{1}{n}\sum_{i=1}^{n}X_i\right) \\
&= \frac{1}{n^2}\sigma^2(X_1 + X_2 + \cdots + X_n) \\
&= \frac{1}{n^2}[\sigma^2(X_1) + \sigma^2(X_2) + \cdots + \sigma^2(X_n)] \\
&= \frac{1}{n^2}(\sigma^2 + \sigma^2 + \cdots + \sigma^2) \\
&= \frac{1}{n^2}(n\sigma^2) = \frac{\sigma^2}{n}
\end{aligned} \tag{2-14}$$

进一步整理得

$$\sigma_{\overline{X}} = \sqrt{\sigma^2(\overline{X})} = \frac{\sigma}{\sqrt{n}} \tag{2-15}$$

式（2－15）即给出了算术平均值 $\overline{X}$ 的标准误差 $\sigma_{\overline{X}}$ 与无限测量时的标准误差 σ 的关系，

$\sigma_{\overline{X}}$与$\sqrt{n}$成反比。由于测量次数 n 总是≥1 的,因此有 $\sigma_{\overline{X}} \leqslant \sigma$ 恒成立。这种现象产生的原因主要是测量中随机误差的存在。当测量次数 n 增加时,随机误差的代数和趋近于零,因此使得算术平均值的标准误差 $\sigma_{\overline{X}}$小于 σ。这表明此时以算术平均值 $\overline{X}$ 作为真值 A 的最佳估值时,具有较高的精度。同时,这也说明测量次数的增加可减小随机误差对测量结果的影响。大量测量表明,当测量次数增加时,标准误差 $\sigma_{\overline{X}}$的变化曲线趋于平直。此时再增加测量次数并不能够明显地提高算数平均值的精度。一般来说,取测量次数 $n=10$ 即可满足测量要求。

下面求解测量次数为有限值时的标准误差 σ。根据残差的定义,可以列出以残差表示的测量值的标准误差形式为

$$\sigma^2(v)=\sigma^2(x)-\sigma^2(\overline{X}) \tag{2-16}$$

由于测量次数 n 为有限值,将式(2-5)和式(2-14)代入式(2-16),可得

$$\sigma^2(v)=\sigma^2-\frac{\sigma^2}{n}=\frac{n-1}{n}\sigma^2$$

进一步整理得

$$\begin{aligned}\sigma^2&=\frac{n}{n-1}\sigma^2(v)=\frac{n}{n-1}\cdot\frac{1}{n}\sum_{i=1}^{n}[v_i-E(v)^2]\\&=\frac{1}{n-1}\sum_{i=1}^{n}[v_i^2-2v_iE(v)+E(v^2)]\end{aligned}$$

由于 $\sum v=0$,则有 $\mathrm{E}(v)=0$。因此,上式可进一步简化为

$$\sigma^2=\frac{1}{n-1}\sum_{i=1}^{n}v_i^2$$

则可得

$$\sigma=\sqrt{\frac{1}{n-1}\sum_{i=1}^{n}v_i^2} \tag{2-17}$$

或

$$\sigma=\sqrt{\frac{1}{n-1}\sum_{i=1}^{n}(X_i-\overline{X})^2} \tag{2-18}$$

式(2-17)和式(2-18)即是在有限测量次数下,利用残差表示的测量值的标准误差形式,称为贝塞尔公式。

当测量次数 n 为无穷大时,算术平均值 $\overline{X}$ 收敛于真值 A,而 $n-1$ 可认为等于 n。此时,式(2-18)即为式(2-5)所示的标准误差的原始定义式。将式(2-18)代入式(2-15),则算术平均值的标准误差可通过残差表示为

$$\sigma_{\bar{X}} = \frac{\sigma}{\sqrt{n}} = \sqrt{\frac{1}{n(n-1)\sum_{i=1}^{n}(X_i - \bar{X})^2}} \tag{2-19}$$

2.2 函数误差

在间接测量中,待测量是由若干个可以直接测量的物理量通过函数关系运算而得到的。由于直接测量量存在最佳估值和误差,由直接测量量合成的被测量也必然存在最佳估值(算术平均值)和误差,且它们直接具有某种函数关系。将间接测量量的误差称为函数误差,研究函数误差与直接测量误差之间关系的理论称为误差传递理论或误差传布理论。

2.2.1 误差传递的一般公式

设 N 为间接测量量,其与各直接测量量 $X,Y,Z,\cdots$ 的函数关系式为

$$N = f(X,Y,Z,\cdots) \tag{2-20}$$

令 $\Delta X,\Delta Y,\Delta Z,\cdots$ 分别表示各直接测量量 $X,Y,Z,\cdots$ 的绝对误差,ΔN 为由直接测量量误差 $\Delta X,\Delta Y,\Delta Z,\cdots$ 所引起的间接测量误差。则根据(2-20)可得

$$N + \Delta N = f(X+\Delta X, Y+\Delta Y, Z+\Delta Z,\cdots) \tag{2-21}$$

将式(2-21)右端按泰勒级数展开,并略去高阶项可得

$$\begin{aligned}
&f(X+\Delta X, Y+\Delta Y, Z+\Delta Z,\cdots) \\
&= f(X,Y,Z,\cdots) + \frac{\partial f}{\partial X}\Delta X + \frac{\partial f}{\partial Y}\Delta Y + \frac{\partial f}{\partial Z}\Delta Z + \cdots + \frac{1}{2}(\Delta X)^2\frac{\partial^2 f}{\partial X^2} + \frac{1}{2}(\Delta Y)^2\frac{\partial^2 f}{\partial Y^2} + \\
&\quad \frac{1}{2}(\Delta Z)^2\frac{\partial^2 f}{\partial Z^2} + \cdots + 2\Delta X\Delta Y\frac{\partial^2 f}{\partial X\partial Y} + \cdots \\
&\approx f(X,Y,Z,\cdots) + \frac{\partial f}{\partial X}\Delta X + \frac{\partial f}{\partial X}\Delta Y + \frac{\partial f}{\partial X}\Delta Z + \cdots
\end{aligned} \tag{2-22}$$

由式(2-20)得

$$\Delta N \approx \frac{\partial f}{\partial X}\Delta X + \frac{\partial f}{\partial Y}\Delta Y + \frac{\partial f}{\partial Z}\Delta Z + \cdots \tag{2-23}$$

N 的相对误差为 δ_N 可表示为

$$\delta_N = \frac{\Delta N}{N} = \frac{\partial f}{\partial X}\cdot\frac{\Delta X}{N} + \frac{\partial f}{\partial Y}\cdot\frac{\Delta Y}{N} + \frac{\partial f}{\partial Z}\cdot\frac{\Delta Z}{N} + \cdots \tag{2-24}$$

若先对函数 $N = f(X,Y,Z,\cdots)$ 取对数后再进行泰勒展开,有

$$\frac{\Delta N}{N} \approx \frac{\partial \ln f}{\partial X}\Delta X + \frac{\partial \ln f}{\partial Y}\Delta Y + \frac{\partial \ln f}{\partial Z}\Delta Z + \cdots \tag{2-25}$$

2.2.2 间接测量量的算术平均值

设式(2-20)中的每一个直接测量量 $X,Y,Z,\cdots$ 均进行了 n 次等精度测量,其测量值分别为 $X_i,Y_i,Z_i,\cdots$,相应的随机误差为 $\Delta X,\Delta Y,\Delta Z,\cdots$。则由式(2-21)和式(2-22)可得

$$N+\Delta N_1=f(X,Y,Z,\cdots)+\frac{\partial f}{\partial X}\Delta X_1+\frac{\partial f}{\partial Y}\Delta Y_1+\frac{\partial f}{\partial Z}\Delta Z_1+\cdots$$

$$N+\Delta N_2=f(X,Y,Z,\cdots)+\frac{\partial f}{\partial X}\Delta X_2+\frac{\partial f}{\partial Y}\Delta Y_2+\frac{\partial f}{\partial Z}\Delta Z_2+\cdots$$

$$\vdots$$

$$N+\Delta N_i=f(X,Y,Z,\cdots)+\frac{\partial f}{\partial X}\Delta X_i+\frac{\partial f}{\partial Y}\Delta Y_i+\frac{\partial f}{\partial Z}\Delta Z_i+\cdots$$

则间接测量量 N 的算术平均值为

$$\begin{aligned}\overline{N}&=\frac{1}{n}\sum_{i=1}^{n}(N+\Delta N_i)=N+\frac{1}{n}\sum_{i=1}^{n}\Delta N_i\\&=f(X,Y,Z,\cdots)+\frac{\partial f}{\partial X}\cdot\frac{1}{n}\sum_{i=1}^{n}\Delta X_i+\frac{\partial f}{\partial Y}\cdot\frac{1}{n}\sum_{i=1}^{n}\Delta Y_i+\cdots\end{aligned}\tag{2-26}$$

设 $\Delta\overline{X},\Delta\overline{Y},\Delta\overline{Z},\cdots$ 分别为直接测量量 $X,Y,Z,\cdots$ 随机误差的算数平均值,则式(2-26)可变为

$$\overline{N}=f(X,Y,Z,\cdots)+\frac{\partial f}{\partial X}\Delta\overline{X}+\frac{\partial f}{\partial Y}\Delta\overline{Y}+\frac{\partial f}{\partial Z}\Delta\overline{Z}+\cdots\tag{2-27}$$

又

$$\begin{aligned}f(\overline{X},\overline{Y},\overline{Z},\cdots)&=f(X+\Delta\overline{X},Y+\Delta\overline{Y},Z+\Delta\overline{Z},\cdots)\\&=f(X,Y,Z,\cdots)+\frac{\partial f}{\partial X}\Delta\overline{X}+\frac{\partial f}{\partial Y}\Delta\overline{Y}+\frac{\partial f}{\partial Z}\Delta\overline{Z}+\cdots\end{aligned}\tag{2-28}$$

因此,有

$$\overline{N}=f(\overline{X},\overline{Y},\overline{Z},\cdots)\tag{2-29}$$

由式(2-29)可以看出,间接测量量的算术平均值 $\overline{N}$ 即为各直接测量量的算术平均值 $\overline{X},\overline{Y},\overline{Z},\cdots$ 的函数组合。

2.2.3 间接测量量的标准误差

设 n 次等精度测量后,经函数运算得到的间接测量量为 $N_i(i=1,2,\cdots,n)$。由式

(2-23)可知间接测量量的绝对误差 ΔN 为

$$\Delta N_i = \frac{\partial f}{\partial X}\Delta X_i + \frac{\partial f}{\partial Y}\Delta Y_i + \frac{\partial f}{\partial Z}\Delta Z_i + \cdots$$

等号两边分别取平方,得

$$(\Delta N_i)^2 = \left(\frac{\partial f}{\partial X}\right)^2 (\Delta X_i)^2 + \left(\frac{\partial f}{\partial Y}\right)^2 (\Delta Y_i)^2 + \cdots + 2\frac{\partial f}{\partial X}\frac{\partial f}{\partial Y}(\Delta X_i)(\Delta Y_i) + \cdots \quad (2-30)$$

一般来说,测量中的随机误差满足正态分布。由于正态分布的对称性,当等精度测量次数 n 足够大时,式(2-30)中各非平方项均可抵消,即

$$(\Delta N_i)^2 = \left(\frac{\partial f}{\partial X}\right)^2 (\Delta X_i)^2 + \left(\frac{\partial f}{\partial Y}\right)^2 (\Delta Y_i)^2 + \left(\frac{\partial f}{\partial Z}\right)^2 (\Delta Z_i)^2 + \cdots \quad (2-31)$$

因此,有

$$\sigma_{\bar{N}}^2 = \frac{\sum_{i=1}^{n}(\Delta N_i)^2}{n(n-1)} = \left(\frac{\partial f}{\partial X}\right)^2 \frac{\sum_{i=1}^{n}\Delta X_i^2}{n(n-1)} + \left(\frac{\partial f}{\partial Y}\right)^2 \frac{\sum_{i=1}^{n}\Delta Y_i^{\ 2}}{n(n-1)} + \cdots$$

设 $\sigma_{\bar{X}}, \sigma_{\bar{Y}}, \sigma_{\bar{Z}}, \cdots$ 分别为随机误差为 $\Delta X, \Delta Y, \Delta Z, \cdots$ 的算术平均值,则上式可进一步整理为

$$\sigma_{\bar{N}}^2 = \left(\frac{\partial f}{\partial X}\right)^2 \sigma_{\bar{X}}^2 + \left(\frac{\partial f}{\partial Y}\right)^2 \sigma_{\bar{Y}}^2 + \left(\frac{\partial f}{\partial Z}\right)^2 \sigma_{\bar{Z}}^2 + \cdots \quad (2-32)$$

则可得间接测量量算术平均值的标准误差为

$$\sigma_{\bar{N}} = \sqrt{\left(\frac{\partial f}{\partial X}\right)^2 \sigma_{\bar{X}}^2 + \left(\frac{\partial f}{\partial Y}\right)^2 \sigma_{\bar{Y}}^2 + \left(\frac{\partial f}{\partial Z}\right)^2 \sigma_{\bar{Z}}^2 + \cdots} \quad (2-33)$$

2.2.4　误差传递公式的应用

在前面的内容中,利用微分法推导出了间接测量中误差的传递公式,并给出了间接测量量的算术平均值及标准误差的计算公式。下面将结合间接测量中常见的函数关系,具体介绍误差传递公式的应用。

1. 加法运算

为简单起见,这里只考虑直接测量量个数 $k=2$ 时的情况,当 $k \geqslant 3$ 时可作类似分析。设间接测量量 N 与直接测量量 X,Y 有函数关系

$$N = X + Y$$

并测得

$$X = \bar{X} \pm \Delta X$$

$$Y=\overline{Y}\pm\Delta Y$$

根据式(2-20)可得

$$N=X+Y=(\overline{X}\pm\Delta X)+(\overline{Y}\pm\Delta Y) \tag{2-34}$$

又由式(2-23)和式(2-24)可知

$$\overline{N}=\overline{X}+\overline{Y}$$

$$\Delta N=\Delta X+\Delta Y$$

因此,式(2-24)可整理为

$$N=(\overline{X}+\overline{Y})\pm(\Delta X+\Delta Y)=\overline{N}\pm\Delta N \tag{2-35}$$

由式(2-35)可知,和的绝对误差等于各直接测量量的绝对误差之和。

根据式(2-24)可知间接测量量 N 的相对误差 δ_N 为

$$\delta_N=\frac{\Delta N}{N}=\frac{\Delta X}{N}+\frac{\Delta Y}{N}=\delta_X+\delta_Y \tag{2-36}$$

由式(2-33)可知,N 的算术平均值的标准误差为

$$\sigma_{\overline{N}}=\sqrt{\sigma_{\overline{X}}^2+\sigma_{\overline{Y}}^2} \tag{2-37}$$

2. 减法运算

设间接测量量 N 与直接测量量 X,Y 有函数关系,即

$$N=X-Y$$

同样地,可得

$$\overline{N}=\overline{X}-\overline{Y}$$

$$\Delta N=\Delta X-\Delta Y$$

由于测量结果应考虑误差最大的情况,即 ΔX 与 ΔY 误差反向,故有

$$\Delta N=\Delta X+\Delta Y$$

于是

$$N=(\overline{X}+\overline{Y})\pm(\Delta X+\Delta Y)=\overline{N}\pm\Delta N \tag{2-38}$$

由式(2-38)可知,差的绝对误差等于各直接测量量绝对误差之和。

进一步可得,相对误差 δ_N 为

$$\delta_N=\frac{\Delta N}{N}=\frac{\Delta X}{N}+\frac{\Delta Y}{N}=\delta_X+\delta_Y \tag{2-39}$$

算术平均值 $\overline{N}$ 的标准误差 $\sigma_{\overline{N}}$ 为

$$\sigma_{\overline{N}}=\sqrt{\sigma_{\overline{X}}^2+\sigma_{\overline{Y}}^2} \tag{2-40}$$

3. 乘法运算

设间接测量量 N 与直接测量量 X,Y 的函数关系式为

$$N=K\cdot X\cdot Y$$

其中,K 为任意常数。

根据式(2－23)可知间接测量量 N 的绝对误差为

$$\Delta N=K[(\Delta X)\cdot Y+(\Delta Y)\cdot X]$$

根据式(2－24)可知,相对误差为

$$\sigma_N=\frac{\Delta N}{N}=\left|\frac{\Delta X}{X}\right|+\left|\frac{\Delta Y}{Y}\right|=|\delta_X|+|\delta_Y| \tag{2-41}$$

由式(2－41)可以看出,积的相对误差等于各直接测量量的相对误差之和。

若直接测量量的等精度测量次数为 n,则算术平均值为

$$\overline{N}=K\cdot\overline{X}\cdot\overline{Y}$$

根据式(2－33)可写出函数算术平均值的标准误差,即

$$\sigma_{\overline{N}}=K\sqrt{Y^2\cdot\sigma_{\overline{X}}^2+X^2\cdot\sigma_{\overline{Y}}^2} \tag{2-42}$$

4. 除法运算

设间接测量中的函数关系式为

$$N=K\cdot\frac{X}{Y}$$

其中,K 为任意常数。

则间接测量量 N 的绝对误差为

$$\Delta N=\frac{K}{Y}\Delta X+\frac{KX}{Y^2}\Delta Y=K\left(\frac{\Delta X}{Y}+\frac{X}{Y^2}\Delta Y\right) \tag{2-43}$$

同样地,为了描述测量中的最大误差,式(2－43)中误差间的运算符号取为正。

由式(2－24)可得

$$\sigma_N=\frac{\Delta N}{N}=\frac{\Delta X}{X}+\frac{\Delta Y}{Y} \tag{2-44}$$

由式(2－44)可以看出,商的相对误差等于各直接测量量的相对误差之和。

对于 n 次等精度测量,由式(2－29)可间接测量量 N 的算术平均值为

$$\overline{N}=K\cdot\frac{\overline{X}}{\overline{Y}}$$

根据式(2－33)可写出算术平均值$\overline{N}$的标准误差为

$$\sigma_{\overline{N}}=\frac{K}{Y}\sqrt{\sigma_{\overline{X}}^{2}+\frac{\overline{X}^{2}}{\overline{Y}^{2}}\cdot\sigma_{\overline{Y}}^{2}} \tag{2-45}$$

5. 指数运算

设间接测量中测量量间的函数关系式为指数函数，即

$$N=KX^{m}$$

其中，K 和 m 为任意常数。

根据式(2－24)可写出的相对误差为

$$\delta_{N}=\frac{\Delta N}{N}=\left|\frac{KmX^{m-1}\Delta X}{KX^{m}}\right|=m\left|\frac{\Delta X}{X}\right|=m\left|\delta_{X}\right| \tag{2-46}$$

同样地，对于 n 次等精度测量，根据式(2－29)可写出函数算术平均值为

$$N=K\overline{X}^{m}$$

其标准误差为

$$\sigma_{\overline{N}}=KmX^{m-1}\sigma_{\overline{X}} \tag{2-47}$$

6. 对数运算

设间接测量中的对数函数关系式为

$$N=\lg X=\ln(10)\cdot\ln X$$

令 $k=\ln(10)$，则

$$N=k\ln X$$

根据式(2－23)可写出函数的绝对误差为

$$\Delta N=k\cdot\frac{\Delta X}{X}$$

其相对误差为

$$\sigma_{N}=\frac{\Delta N}{N}=k\cdot\frac{\Delta X}{X\ln X} \tag{2-48}$$

若取直接测量量的等精度测量次数为 n，根据式(2－29)可写出间接测量量 N 的算术平均值为

$$\overline{N}=\lg\overline{X}=k\ln\overline{X}$$

由式(2－33)可知，算术平均值$\overline{N}$的标准误差为

$$\sigma_{\overline{N}}=k\cdot\frac{\sigma_{\overline{X}}}{X} \tag{2-49}$$

常用函数的算术平均误差传递公式如表 2.1 所示。

表 2.1　常用函数的算术平均误差传递公式

函数关系	误差	
	绝对误差	相对误差
$N = X \pm Y$	$\Delta X + \Delta Y$	$\frac{\Delta X + \Delta Y}{X \pm Y}$
$N = X \cdot Y$	$X\Delta Y + Y\Delta X$	$\frac{\Delta X}{X} + \frac{\Delta Y}{Y}$
$N = \frac{X}{Y}$	$\frac{X\Delta Y + Y\Delta X}{Y^2}$	$\frac{\Delta X}{X} + \frac{\Delta Y}{Y}$
$N = X^m$	$mX^{m-1}\Delta X$	$m\frac{\Delta X}{X}$
$N = X^{\frac{1}{m}}$	$\frac{1}{m}X^{\frac{1}{m}-1}\Delta X$	$\frac{1}{m} \cdot \frac{\Delta X}{X}$
$N = kX$	$k\Delta X$	$\frac{\Delta X}{X}$
$N = \sin X$	$\lvert \cos X \rvert \Delta X$	$\lvert \cot X \rvert \Delta X$
$N = \cos X$	$\lvert \sin X \rvert \Delta X$	$\lvert \tan X \rvert \Delta X$
$N = \tan X$	$\frac{\Delta X}{\cos^2 X}$	$\frac{2\Delta X}{\lvert \sin^2 X \rvert}$
$N = \cot X$	$\frac{\Delta X}{\sin^2 X}$	$\frac{2\Delta X}{\lvert \sin^2 X \rvert}$
$N = \ln X$	$\frac{\Delta X}{X}$	$\frac{\Delta X}{X \cdot \ln X}$

2.3 测量结果的不确定度

前文介绍了测量中误差的概念及其基本特点。实际上,虽然能够采取不同的方法分析、减小各类误差的影响,但是在一次测量中,其误差的大小仍是无法确切可知的。因此,需要有一个能够合理评价测量结果准确程度的指标,这个指标就是不确定度。

不确定度是表征被测量的真值在某一范围内的评定,其表示了由于测量误差的存在对测量结果不能肯定的程度。测量结果的不确定度越低,则说明测量值与真值越接近,测量结果可靠性越高;反之,不确定度越大,测量值与真值的差别也就越大,测量结果就越不可靠。

需要特别说明的是,虽然不确定度和误差都是由测量方法或测量过程的不完善引起的,但是二者是两个不同的概念,具有不同的功能。误差是指测量值与真值的差值,是无法确切可知的,一般用于测量结果的定性分析中;而不确定度则是在误差理论的基础上发展起来的,其大小可以通过一定的方法计算(或估算)得到,可以用于对测量结果进行定量分析。在评定测量结果的不确定度时,需要首先得到误差分布的特征参数,因此,二者又是不可分离的。

2.3.1 直接测量结果的不确定度

在多次等精度测量中,对测量结果利用统计学方法进行评定的不确定度分量,称为 A 类不确定度,记为 u_A;而通过非统计学方法计算的分量称为 B 类不确定度,记为 u_B。通常所说的不确定度即由 A 类不确定度和 B 类不确定度合成得到,即

$$u = \sqrt{u_A^2 + u_B^2} \tag{2-50}$$

1. A 类不确定度的计算

设 n 次等精度的测量结果分别为 $X_1, X_2, \cdots, X_n$,则其均值为

$$\overline{X} = \frac{1}{n}\sum_{i=1}^{n} X_i$$

若认为测量值的均值 $\overline{X}$ 即为被测量的真值,则测量结果的不确定度为

$$u_A = t\sqrt{\frac{\sum_{i=1}^{n}(X_i - \overline{X})^2}{n(n-1)}} = \frac{t}{\sqrt{n}}\sigma \tag{2-51}$$

其中,t 称为 t 因子。当置信概率 P 一定时,t 因子的取值与测量次数 n 有关。因此,测量结果的 A 类不确定度也与置信区间和测量次数有关。表 2.2 给出了 t 因子在不同置信区间和不同测量次数下的取值。

表 2.2　不同条件下 t 因子的取值

测量次数 n	2	3	4	5	6	7	8	9	10	15	20	∞
$P=0.683$	1.84	1.32	1.20	1.14	1.11	1.09	1.08	1.07	1.06	1.04	1.03	1.00
$P=0.950$	4.30	3.18	2.78	2.57	2.45	2.37	2.31	2.26	2.26	2.15	2.09	1.96
$P=0.990$	9.93	5.84	4.60	4.03	3.71	3.50	3.36	3.25	2.98	2.86	2.58	2.58

由表 2.2 可以看出,当测量次数 n 一定时,置信概率 P 越低,t 因子取值越小;反之,t 因子取值越大。而当置信概率 P 一定时,测量次数 n 越大,t 因子取值越小;反之,t 因子取值越大。在实际使用中,常取置信概率为 95%。此时,A 类不确定度表示被测量真值在区间 $(\overline{X}-u_A,\overline{X}+u_A)$ 内的概率为 95%,换言之,测量结果的均值 $\overline{X}$ 与真值的偏差绝对值小于 u_A 的概率是 95%。

2. B 类不确定度的计算

引起 B 类不确定度分量的误差成分主要是系统误差。在直接测量中,可以定义为

$$u_B=\frac{\Delta}{c} \tag{2-52}$$

式中　Δ——测量仪器的最大允许误差(有时也称为不确定度限值),可通过仪器精度等级与量程相乘得到;

c——与测量仪器不确定度的概率分布特性有关的常数,称为“置信因子”。

一般来说,仪器不确定度 u_B 的概率分布通常采用三种形式:正态分布、均匀分布和三角形分布。对于这三种形式,置信因子 c 的取值分别为 3,$\sqrt{3}$ 和 $\sqrt{6}$。若测量仪器没有给出关于不确定度概率分布的信息,则一般可采用均匀分布假设进行计算,即

$$u_B=\frac{\Delta}{\sqrt{3}} \tag{2-53}$$

实际上,在许多情况下不需要或是没有条件进行多次测量,而只能对被测量实施单次测量。这时测量结果的不确定度将无法利用 A 类不确定度进行描述,而式(2-52)所示的 B 类不确定度只能分析测量中的系统误差,不足以准确描述测量结果的可靠性。因此需要一个能够评估单次测量值效果的不确定度分量 u_B'。由于单次测量时测量值的误差很大程度上是由估读引起的,而估读的误差极限一般为仪器最小分度值 d 的 1/2,在极少数情况下

为最小分度值 d 本身。因此一般来说,单次测量的不确定度由 u'_{B} 和 u_{B} 两部分组成,即

$$u=\sqrt{u_{\mathrm{B}}^{2}+(u'_{\mathrm{B}})^{2}}=\sqrt{\left(\frac{\Delta}{c}\right)^{2}+\left(\frac{d}{2}\right)^{2}} \tag{2-54}$$

对于多次测量,其不确定度由 A 类不确定度和由系统误差引起的 B 类不确定度两部分组成,即

$$u=\sqrt{u_{\mathrm{A}}^{2}+u_{\mathrm{B}}^{2}} \tag{2-55}$$

2.3.2 不确定度的传递

间接测量中的不确定度由直接测量量的不确定度通过函数关系传递得到。微分法是一种常用的不确定度传递系数求解方法,其利用函数中自变量的偏微分确定误差传递系数。该方法适用于函数表达式已知,且函数自变量相互独立的情况下间接测量不确定度的计算。设间接测量量为 Y,其可以由对 k 个相互独立的直接测量量通过合成得到,记直接测量量分别为 $X_1,X_2,\cdots,X_k$,函数表达式为 $Y=f(X_1,X_2,\cdots,X_k)$。若记 $X_1,X_2,\cdots,X_k$ 的不确定度分别为 $u_{X_1},u_{X_2},\cdots,u_{X_k}$,则测量结果的不确定度 u_Y 可表示为与标准差合成式相类似的传递公式,即

$$u_Y=\sqrt{\sum_{i=1}^{k}\left(\frac{\partial f}{\partial X_i}u_{X_i}\right)^{2}}=\sqrt{\left(\frac{\partial f}{\partial X_1}\right)^{2}u_{X_1}^{2}+\left(\frac{\partial f}{\partial X_2}\right)^{2}u_{X_2}^{2}+\cdots+\left(\frac{\partial f}{\partial X_k}\right)^{2}u_{X_k}^{2}} \tag{2-56}$$

式(2-56)在函数关系为和差关系时运算简单。当函数 $Y=f(X_i)$ 中各变量之间为积商关系时,式(2-56)可改写为

$$\frac{u_Y}{Y}=\sqrt{\sum_{i=1}^{k}\left(\frac{\partial \ln f}{\partial X_i}u_{X_i}\right)^{2}}=\sqrt{\left(\frac{\partial \ln f}{\partial X_1}\right)^{2}u_{X_1}^{2}+\left(\frac{\partial \ln f}{\partial X_2}\right)^{2}u_{X_2}^{2}+\cdots+\left(\frac{\partial \ln f}{\partial X_k}\right)^{2}u_{X_k}^{2}} \tag{2-57}$$

一些常用函数表达式对应的不确定度传递公式如表 2.3 所示。

表 2.3 常用函数的不确定度传递公式

函数表达式	不确定度传递公式
$Y=X_1\pm X_2$	$u_Y=\sqrt{u_{X_1}^{2}+u_{X_2}^{2}}$
$Y=X_1\cdot X_2$ 或 $Y=X_1/X_2$	$\frac{u_Y}{Y}=\sqrt{\left(\frac{u_{X_1}}{X_1}\right)^{2}+\left(\frac{u_{X_2}}{X_2}\right)^{2}}$
$Y=\frac{X_1^{k}\cdot X_2^{m}}{X_3^{n}}$	$\frac{u_Y}{Y}=\sqrt{k^{2}\left(\frac{u_{X_1}}{X_1}\right)^{2}+m^{2}\left(\frac{u_{X_2}}{X_2}\right)^{2}+n^{2}\left(\frac{u_{X_3}}{X_3}\right)^{2}}$

表 2.3(续)

函数表达式	不确定度传递公式
$Y = kX$	$u_Y = ku_X$
$Y = X^{\frac{1}{k}}$	$\frac{u_Y}{Y} = \frac{1}{k} \cdot \frac{u_X}{X}$
$Y = \sin X$	$u_Y = \lvert \cos X \rvert \cdot u_X$
$Y = \ln X$	$u_Y = \frac{u_X}{X}$

2.3.3　间接测量结果不确定度的计算步骤

①计算直接测量量的平均值,根据测量次数 n 与置信概率 P 查表得到 t 因子数值,按照式(2－51)计算测量结果的 A 类不确定度 u_A;通过计算或查阅资料获得测量仪器的最大允许误差与置信因子 c,根据式(2－52)计算测量结果的 B 类不确定度 u_B。在此基础上,利用式(2－55)通过合成 A,B 两类不确定度得到直接测量的不确定度 u。对于单次测量,其不确定度可直接利用式(2－54)计算。

②根据间接测量量 Y 与直接测量量 $X_i(i=1,2,\cdots,n)$ 的函数关系 $Y=f(X_i)$,得到 Y 的全微分表达式。

③利用式(2－56)或式(2－57)计算间接测量量 Y 的不确定度 u_Y。实际上,在利用式(2－56)计算间接测量量不确定度 u_Y 时,若某一直接测量量的不确定度小于最大不确定度(或合成结果)的 1/5 或 1/6,则可认为这一分量为微小分量而忽略不计。

2.3.4　测量结果的表示

在很多情况下,测量结果表示为测量值均值与测量仪器最大允许误差之和的形式,即 $\overline{X} \pm \Delta$。实际上,这种表示方法只将系统误差考虑在内,而没有进一步分析其他因素对测量结果的影响。通过前面的介绍可以知道,不确定度描述的是测量结果的均值与被测量真值在一定置信概率下的偏差大小。除了考虑仪器产生的系统误差外,不确定度还从测量值的统计特性对测量结果的可靠性进行较全面的评定。因此,测量结果可通过不确定度描述,即将其表示为

$$X = \overline{X} \pm u \tag{2-58}$$

式(2-58)为不确定度的绝对表示法,其直接反映的是测量结果距真值的偏差。为了能够反映出不确定度在测量结果中的影响程度,可以利用相对不确定度表示测量结果,即

$$X = \frac{u(x)}{\bar{X}} \times 100\% \tag{2-59}$$

一般来说,在利用不确定度表示测量结果时不确定度的置信概率取为95%。当置信概率不为95%,应在适当位置标注出置信概率的取值。

2.4 实验数据的处理与表示

2.4.1 有效数字

正确地确定测量、计算结果的位数是实验数据处理与表示的重要问题之一。实际上,并不是小数点后面的位数越多,就说明测量结果或计算结果的精度越高,其原因主要在于以下两个方面。

第一,在测量或计算结果表示中,小数点的位置仅与所选取的计量单位有关,并不能反映测量或计算精度。例如,在一次测量中测得试件的直径为10.23 cm,若利用基本单位"米(m)"来表示,则测量结果可以记为0.102 3 m,这两种数据表示方法由于所采用的计量单位不同,因此从数值上看小数点的位置也不相同。但是这两种方法均是对同一个测量结果的表示,因此其反映的测量精度又是相同的。

第二,任何测量都不可避免地存在着误差,也都具有固定的精度。测量数值的位数即是对测量精度的反映,其本质上是由测量精度决定的。同时,计算结果的精度也应与测量精度相适应,高于或低于测量精度的计算精度都是错误的。因此,无论是测量结果还是计算结果,除末位数字是可疑的(或称不准确的)之外,其余各数字都应该是准确知道的,将满足这一条件的一组数字称为有效数字。除特别规定外,通常认为末位数字有不超过正负一个单位的绝对误差。例如,在上例中得到的测量结果为10.23 cm,其中10.2是从测量仪器中直接读出的数字,为可靠数字,而最后一位0.03通过估读得到,为可疑数字。若对试件采用精度更高的仪器进行测量,得到的结果为10.230 0 cm,则该结果表示本次测量得到的0.001 cm都是精确的。从数值的角度上看,这两次测量结果的大小是一样的,但是从测量精度上看,显然后者表示的精度更高。

一般来说,有效数字的表示与运算规则主要包括以下几点。

(1)记录测量值时仅保留一位可疑数字。除另有规定外,通常有效数字的末位数为可疑数字,表示末位有正负一个单位的误差。

(2)有效数字的"舍入规则"与通常采用的"四舍五入"规则不同。当有效数字确定之后,其余数字大多采用"小于 5 舍,大于 5 入,等于 5 时取偶数"的舍入规则处理。具体地说,即是:凡末位有效数字后面所有数字的第一位数大于 5 时,则须在可疑数字上加 1;当小于 5 时,则舍弃不计;若等于 5 时,舍入应使前一位数字为偶数,如 1.405 取三位有效数字为 1.40,23.175 取四位有效数字为 23.18。这样做可以避免通常所采用的"四舍五入"规则的"逢五便入"规则在数字计算造成的积累误差。

(3)可靠数字间的运算,其结果仍为可靠数字;可疑数字与其他数字(可靠数字和可疑数字)的运算均为可疑数字。有效数字的运算结果一般只保留一位可疑数字,对于末尾多余的可疑数字可采用上述的有效数字"舍入规则"处理。此外,对于含有无理数和常数的运算,可根据测量结果的有效数字情况进行位数的选取。

从前面的介绍中可以看出,有效数字的末位是估读数字,存在不确定性。因此,有效数字或者有效位数在一定程度上反映了测量结果的不确定度。测量值的有效数字位数越多,测量的相对不确定度越小;反之,有效数字位数越少,则测量结果的相对不确定度就越大。一般来说,两位有效数字对应于$10^{-1} \sim 10^{-2}$的相对不确定度;三位有效数字对应于$10^{-2} \sim 10^{-3}$的相对不确定度,以此类推。可见,有效数字可以粗略地反映测量结果的不确定度。需要说明的一点是,在利用不确定度表示测量结果时,不确定度的有效数字应与测量值的有效数字保持一致。如,某一测量结果应表示为 $V = 9.44\ \mathrm{cm}^3 \pm 0.08\ \mathrm{cm}^3$,而不能表示为 $V = 9.44\ \mathrm{cm}^3 \pm 0.8\ \mathrm{cm}^3$。

2.4.2　可疑数据的剔除

前面对系统误差和随机误差的性质、修正和计算方法进行了介绍。实际上,还有一种误差也会对测量结果产生重大的影响,这种误差大多是由于测试人员操作失误或者环境突变引起的,称之为过失误差。过失误差是一种错误的测量结果,使得测量值明显偏离正常数据。如果将误差数据与正常数据一起参与运算,势必会严重影响测量或计算结果的准确性。虽然可以通过提高测试人员素质、完善实验方案、合理应对突发情况以预防过失误差的发生,但是这些措施只能降低过失事件发生的可能性,仍无法保证过失误差在实际测量中的完全消除。因此,应采用一些合理的方法以找出这些可疑的数据并加以剔除,这对提高测量结果的置信度和准确度具有明显的意义。下面介绍几种常用的可以剔除的数据方法(准则)。

1. 莱依特准则

对于测量次数为 n 的等精度测量,设测量结果的算术平均值为 $\overline{X}$,$\sigma_{\overline{X}}$ 为算术平均值的标准误差。根据概率论的理论,随机误差的绝对值大于算术平均值的标准误差 $\sigma_{\overline{X}}$ 的概率为0.317;大于 $2\sigma_{\overline{X}}$ 的概率为0.045 5;大于 $3\sigma_{\overline{X}}$ 的概率仅为0.002 7。因此,在实际工程测量中将算术平均值的标准误差的三倍,即 $3\sigma_{\overline{X}}$ 规定为极限误差。若发现某次测量值的残差绝对值大于极限误差(即 $3\sigma_{\overline{X}}$)时,便将该次测量值称为可疑数据。莱依特准则即以 $3\sigma_{\overline{X}}$ 为判据进行可疑数据的剔除,若

$$|v_i| = |X_i - \overline{X}| > 3\sigma_{\overline{X}} \tag{2-60}$$

则认为测量值 X_i 为异常数据,摒弃不取。

2. 肖维纳准则

肖维纳准则的判定步骤如下:

①计算 n 次等精度测量结果的算术平均值 $\overline{X}$ 和单次测量的标准误差 σ(均包括可疑数据);

②求可疑数据的残差 v_i 及残差 v_i 与标准误差 σ 之比 $\frac{v_i}{\sigma}$;

③根据表2.4列出的测量次数 n 与 c 值决定可疑数据的取舍:当可疑数据的残差 v_i 与标准误差 σ 之比值大于表2.4中的 c 值时,可将可疑数据舍弃。

表2.4 c 值

测量次数 n	5	6	7	8	9	10	11	12	13	14	15	20
c 值	1.65	1.73	1.76	1.86	1.92	1.96	2.00	2.04	2.07	2.10	2.13	2.24

3. 格拉布斯准则

设 n 次等精度测量结果 $X_i(i=1,2,\cdots,n)$ 满足正态分布。利用下标表示测量值的大小次序,将测量值从小到大排列如下。

$$X_1, X_2, \cdots, X_n$$

现假设测量结果的最大值、最小值,即 X_n, X_1 为可疑数据,则格拉布斯准则的判定步骤如下:

①选定显著度(又称危险率)α。α 一般选为 5.0%,2.5%,1.0%。应当注意的是,α 值不宜选得过小,因为较小的 α 值虽然能够把非可疑数据判断为可疑数据的概率减小,但也可能把可疑数据判断为非可疑数据的错判概率增大。

②对每一个测量值 $X_i(i=1,2,\cdots,n)$ 计算其相应的 T_i 值。对于测量值 X_1,有

$$T_1=\frac{X_1-\overline{X}}{\sigma}$$

对于测量值 X_n,有

$$T_n=\frac{X_n-\overline{X}}{\sigma}$$

③查表 2.5,根据测量次数 n 和显著度 α 查得 $T(n,\alpha)$ 值。

表 2.5　$T(n,\alpha)$ 值

显著度 α	次数 n									
	3	4	5	6	7	8	9	10	11	12
5.0%	1.15	1.46	1.67	1.82	1.94	2.03	2.11	2.18	2.23	2.29
2.5%	1.15	1.18	1.71	1.89	2.02	2.13	2.21	2.29	2.36	2.41
1.0%	1.15	1.49	1.75	1.94	2.10	2.22	2.32	2.41	2.48	2.55

④当 $T_i \geqslant T(n,\alpha)$ 时,则可认为相应的测量值 X_i 为可疑数据,应舍弃。作这类判断时,错判概率为 α。反之,若 $T_i<T(n,\alpha)$,则可认为相应测量值 X_i 为正常数据。

最后应当指出的是,每个可疑数据判定准则均有其自身的特点,也有相应的适用范围。对上述常用判定准则的一般选择原则如下:

①当测量次数 n 趋于∞(或 n 足够大)时,采用莱依特准则更为合适;若测量次数较小时 n 时,则应采用格拉布斯准则。

②当确定测量结果最多只有一个异常值时,采用格拉布斯准则进行判定效果最佳。

③当测量结果可能存在多个异常值时,应采用两种以上的准则来交叉判别,否则效果不佳。

2.4.3　常用的测量数据处理方法

测试的目的和任务不只是为了对某一物理量进行测量,有时更是为了找出各物理量间的依赖关系或变化规律,以确定其内在联系或蕴含的状态信息。对测量数据进行科学的分

析和处理是实现上述目的的重要手段。下面介绍几种常用的数据处理方法。

1. 列表法

列表法是最基本和最常用的数据记录及处理方法。该方法能对大量的杂乱无章的数据进行归纳、整理,有助于表现物理量间的关系,同时也便于及时地检查实验数据的合理性,减少或避免测量错误。

一般来说,在利用列表法处理实验数据时,应遵循以下几个原则:

①表格要有表头,标题栏应间接明了,便于观察相关量之间的变化关系,同时,实验室所给出的数据或查表得到的单项数据应列在表格的上方。

②数据单位在标题栏给出,避免重复写在每个测量数据之后;若表格内所有数据单位均一致,则可在表格上方统一标出。

③表中数据的有效数字应能够正确反映测量精度。

利用列表法可以方便对测量结果进行计算。例如,如表 2.6 所示的某一流道速度的测量值。

表 2.6 某一流道速度的测量值

测量次数 n	1	2	3	4	5	6	7	8	9	10
流速 u_i/(m/s)	21.5	21.3	20.9	21.4	25.3	21.7	21.6	21.4	21.8	22.2

观察表 2.6,可初步发现第 5 次测量数据与其他数据存在明显的差别,需采用可疑数据判定准则进行分析。由于本次测量次数较多,且尚无法确定可疑数字个数,因此采用莱依特准则进行判定。首先计算测量结果的算术平均值 $\bar{u}$,由式(2-12)可知

$$\bar{u} = \frac{1}{n}\sum_{i=1}^{n} u_i = \frac{1}{10}(u_1 + u_2 + \cdots + u_{10}) = 21.91\ \text{m/s}$$

将求得的测量速度值的残差列于表 2.7。

表 2.7 流道速度值的残差

测量次数 n	1	2	3	4	5	6	7	8	9	10
残差 v_i/(m/s)	-0.41	-0.61	-1.01	-0.51	3.39	-0.21	-0.31	-0.51	-0.11	0.29

利用式(2-17)所示的贝塞尔公式,求得测量值的标准误差为

$$\sigma = \sqrt{\frac{1}{n-1}\sum_{i=1}^{n} v_i^2} = \sqrt{\frac{1}{10-1}\sum_{i=1}^{10}(v_1^2 + v_2^2 + \cdots + v_{10}^2)} \approx 1.24\ \text{m/s}$$

由式(2-19)可知,算术平均值的标准误差为

$$\sigma_{\overline{X}}=\frac{\sigma}{\sqrt{n}}=\frac{1.24}{\sqrt{10}}\approx 0.39\ \mathrm{m/s}$$

极限误差为

$$v_{\lim}=3\sigma_{\overline{X}}=1.17\ \mathrm{m/s}$$

对第5个测量值的残差,有

$$v_5=|u_5-\overline{u}|=3.39>v_{\lim}=3\sigma_{\overline{X}}$$

因此,由莱依特准则可知,第5个测量值为可疑数据,应当剔除。通过进一步判定可知,其余测量值均为正常数据。将正常数据重新列于表2.8。

表2.8　某一流道速度的正常测量值

测量次数 n	1	2	3	4	5	6	7	8	9
流速 u_i/(m/s)	21.5	21.3	20.9	21.4	21.7	21.6	21.4	21.8	22.2

对于正常数据,利用式(2-12)求其平均值可得

$$\overline{u}=\frac{1}{n}\sum_{i=1}^{n}u_i=\frac{1}{9}(u_1+u_2+\cdots+u_9)=21.53\ \mathrm{m/s}$$

各测量值的残差如表2.9所示。

表2.9　流道速度值的残差

测量次数 n	1	2	3	4	5	6	7	8	9
残差 v_i/(m/s)	-0.03	-0.23	-0.63	-0.13	0.17	0.07	-0.13	0.27	0.67

利用贝塞尔公式计算测量值数列的标准误差,得

$$\sigma=\sqrt{\frac{1}{n-1}\sum_{i=1}^{n}v_i^2}=\sqrt{\frac{1}{9-1}\sum_{i=1}^{9}(v_1^2+v_2^2+\cdots+v_9^2)}\approx 0.36\ \mathrm{m/s}$$

由式(2-19)可知,算术平均值的标准误差为

$$\sigma_{\overline{X}}=\frac{\sigma}{\sqrt{n}}=\frac{0.36}{\sqrt{9}}\approx 0.12\ \mathrm{m/s}$$

最后保留与测量值一致的有效数字,得算术平均值为

$$\overline{u}=21.5\ \mathrm{m/s}$$

测量值的标准误差为

$$\sigma=3.6\times 10^{-1}\ \mathrm{m/s}$$

算术平均值的标准误差为

$$\sigma_{\overline{X}} = 1.2 \times 10^{-1}\ \text{m/s}$$

2. 作图法

作图法是将一系列数据之间的关系或其变化情况用图线直观地表示出来。该方法常用于研究物理量间的变化规律,通过对图线的拟合可以找出变量间的函数关系。因此,利用作图法还能够得到测量范围以外的数据,如在自变量范围内被测量取值的内插法,以及在自变量范围外被测量取值的外延法。除此之外,测量图线还可以帮助发现实验中的个别可疑数据,并可通过图线进行系统误差分析。

作图法可以利用已经绘制的曲线,定量地求出待测量或待测量与某些参数之间的经验关系式。如果作图法得到的是直线,则较容易求得其函数表达式。对于图线是直线的情况,求解其线性关系式的一般步骤如下所述。

①在图线上选取两个点,为减小实验误差的影响,并使函数关系尽可能的反应测量值的整体变化情况,所选点一般不为测量点,且应分布在直线的两端。记选取的点为 $A(x_1, y_1)$ 和 $B(x_2, y_2)$。

②利用斜截式表示直线方程 $y = kx + b$,当然也可以利用其他形式的直线方程描述。将选取的点 $A(x_1, y_1)$,$B(x_2, y_2)$ 带入方程,则直线的斜率为

$$k = \frac{y_2 - y_1}{x_2 - x_1}$$

③求解直线在纵轴上的截距,有

$$b = \frac{x_2 y_1 - x_1 y_2}{x_2 - x_1}$$

至此,直线方程为

$$y = \frac{y_2 - y_1}{x_2 - x_1} \cdot x + \frac{x_2 y_1 - x_1 y_2}{x_2 - x_1}$$

对于非线性关系的图线,通常也可以通过变量转换的方法将其由原来的非线性关系转化为新变量间的线性关系。一种常用的“化曲为直”方法是对变量取对数,如在描述热敏电阻 R_T 随温度 T 的变化规律时,根据理论分析可知热敏电阻的电阻 - 温度关系为 $R_T = a\mathrm{e}^{\frac{b}{T}}$,因此可以对其两端取对数,将其转化为 $\ln R_T = \ln a + \frac{b}{T}$ 的形式,这时,令 $y = \ln R_T$,$x = \frac{1}{T}$,则可将其转化为直线形式。当然上例是在由理论分析得到变量关系的基础上进行的变换,对于未知的测量情况,当其变量关系为非线性时也可以尝试一下该方法。

3. 线性回归方程

作图法虽然能够简便地描述变量间的函数关系,但是该方法精度较差且具有一定的主

观性。实验数据有时还需要用数学方程式表示,以便进行数学运算。由于实验数据不可避免地存在着误差,因此由实验数据所反映的变量之间的关系必然存在着某种不确定性。对于这一问题,可以采用统计的方法寻求其中的统计规律,确定出变量之间关系的表达式。通过这种方法确定出来的表达式称为经验公式或回归方程。

为确定实验数据的回归方程,通常先将实验数据用图示法表示出其几何图形(曲线),然后根据图形(曲线)及经验,利用统计方法及解析几何的有关理论确定出各变量间的数学关系式的形式。最后,利用实验数据检验所求得的经验公式的正确性。上述过程有时必须经若干次反复才能求得比较满意的回归方程。

线性回归方程是表示实验数据最简便的经验公式形式,因此总是希望能够对实验变量建立回归方程。但是线性回归方程的建立要求实验中的自变量与因变量之间存在着线性关系。变量间的线性关系常用相关系数 r 衡量。若记

$$\begin{cases} I_{XX} = \sum_{i=1}^{n} (X_i - \overline{X})^2 \\ I_{YY} = \sum_{i=1}^{n} (Y_i - \overline{Y})^2 \\ I_{XY} = \sum_{i=1}^{n} (X_i - \overline{X})(Y_i - \overline{Y}) \end{cases}$$

则相关系数 r 可表示为

$$r = \frac{I_{XY}}{\sqrt{I_{XX} \cdot I_{YY}}} \tag{2-61}$$

式中　X_i——自变量;

Y_i——因变量;

$\overline{X}$——自变量 X_i 的算术平均值;

$\overline{Y}$——因变量 Y_i 的算术平均值;

n——等精度测量的次数。

相关系数 r 表示变量间的正负相关性。当 $r>0$ 时,拟合直线的斜率为正,称为正相关;当 $r<0$ 时,拟合直线的斜率为负,称为负相关。r 的绝对值表征了变量间的线性相关程度。r 的绝对值总在 0 到 1 之间变化。当 $r=\pm 1$ 时,则表示自变量 X 与因变量 Y 之间存在着严格的线性关系;当 $r=0$ 时,则表示变量 X 与 Y 之间是非线性关系或是完全没有关系。因此,可用相关系数 r 来判断用线性回归方程表示该组实验数据是否有意义,r 数值愈接近 ± 1,则表示实验变量 X 与 Y 之间线性关系愈密切;反之,r 值越趋近于零,则表示变量 X 与 Y 之间不存在明显的线性关系,此时变量间的关系不宜用线性回归方程表示。通常只有相关系数 r 数值超过最小相关系数 r_{min} 时,才能采用线性回归方程表示变量 X 与 Y 之间的关系。表

2.10 列出了在不同测量次数与显著度水平下最小相关系数 r_{min} 的取值。

表 2.10 最小相关系数 r_{min}

等精度测量次数 n	1	2	3	4	5	6	7	8	9	10	11	12
显著水平 $\alpha=5\%$	0.997	0.950	0.878	0.811	0.754	0.707	0.666	0.632	0.602	0.576	0.553	0.532
显著水平 $\alpha=1\%$	1.000	0.990	0.959	0.917	0.874	0.834	0.798	0.765	0.735	0.708	0.684	0.661

设 n 次等精度测量结果为 X_i 和 $Y_i(i=1,2,\cdots,n)$，若其相关系数 r 满足 $r>r_{min}$，则变量 X 与 Y 间的相关关系可利用线性方程表示为

$$\hat{Y}=a+bX \tag{2-62}$$

式中 $\hat{Y}$——因变量 Y 的回归值（估值）；

X——自变量；

a,b——待定系数。

由于测量误差的存在，因变量 Y 的回归值 $\hat{Y}$ 与测量值 Y 并不完全相等，而是存在一定的误差。首先作两个假设：第一，测量误差相互独立且服从同一正态分布；第二，自变量 X 的误差远小于因变量 Y 的误差。在这两点假设下，测量值 Y 的偏差可表示为

$$d_i=Y_i-\hat{Y}_i=Y-(a+bX) \tag{2-63}$$

式中 Y_i——测量值；

$\hat{Y}_i$——回归值；

d_i——因变量 Y_i 与其回归值 $\hat{Y}_i$ 之差。

差值 d_i 的大小表示了测量值 Y_i 与回归值 $\hat{Y}_i$ 的偏离程度，差值 d_i 的绝对值越小，说明测量值 Y_i 与回归值 $\hat{Y}_i$ 越接近。利用差值 d_i 的平方和表示测量值与回归值之间的总体偏离程度，则

$$Q = \sum_{i=1}^{n} d_i^2 \tag{2-64}$$

由 Q 的定义可知,当平方和 Q 为最小时,测量值 Y 与回归值 $\hat{Y}$ 之间的偏离程度越小,回归曲线越接近实验数据的真实曲线。根据最小二乘法,Q 取最小值的必要条件为

$$\begin{cases} \dfrac{\partial Q}{\partial a} = -2\sum_{i=1}^{n}(Y_i - a - bX_i) = 0 \\ \dfrac{\partial Q}{\partial b} = -2\sum_{i=1}^{n}(Y_i - a - bX_i) \cdot X_i = 0 \end{cases} \tag{2-65}$$

进一步整理得

$$\begin{cases} \sum_{i=1}^{n}(Y_i - \hat{Y}_i) = 0 \\ \sum_{i=1}^{n}(Y_i - \hat{Y}_i) \cdot X_i = 0 \end{cases}$$

设

$$\overline{X} = \frac{1}{n}\sum_{i=1}^{n} X_i, \overline{Y} = \frac{1}{n}\sum_{i=1}^{n} Y_i, \overline{XY} = \frac{1}{n}\sum_{i=1}^{n} X_i Y_i, \overline{X^2} = \frac{1}{n}\sum_{i=1}^{n} X_i^2$$

则

$$\begin{cases} \overline{X}b + a = \overline{Y} \\ \overline{X^2}b + \overline{X}a = \overline{XY} \end{cases} \tag{2-66}$$

求解式(2-66)可得

$$\begin{cases} a = \overline{Y} - \overline{bX} \\ b = \dfrac{\overline{XY} - \overline{X}\,\overline{Y}}{\overline{X^2} - (\overline{X})^2} \end{cases} \tag{2-67}$$

值得注意的是,将 $a = \overline{Y} - b\overline{X}$ 代入回归方程式(2-59)可得

$$\hat{Y} - \overline{Y} = b(X - \overline{X}) \tag{2-68}$$

式(2-68)表明,回归方程通过点$(\overline{X}, \overline{Y})$,这一点称为测量值的重心。此结论对于利用图解法处理测量数据很有帮助。

定义回归方程的标准误差为

$$\sigma_r = \sqrt{\frac{Q}{n-q}} = \sqrt{\frac{\sum_{i=1}^{n}(Y_i - \hat{Y}_i)}{n-q}} \tag{2-69}$$

式中 σ_r——回归方程标准误差；

n——等精度测量次数；

q——回归方程中待定系数总个数，在线性方程中 $q=2$。

此时，线性回归方程的标准误差可以写为

$$\sigma_r = \sqrt{\frac{\sum_{i=1}^{n}(Y_i - \hat{Y}_i)}{n-2}} \tag{2-70}$$

σ_r 越小，表示回归方程对实际数据的拟合程度越高。若在回归线上下两侧 $\pm\sigma_r$ 处作两条平行线，则实验数据（测量值）落在此两条平行线范围的概率接近于1。

最后应指出：

①回归方程通常只适用于原实验数据所涉及的数据范围。没有可靠的依据，绝对不能随意扩大回归方程的应用范围（即外延）。

②在通常情况下，实验数据中两个变量往往不是线性关系，但可通过适当的变量置换（如两端同时取对数）设法将其转换为线性回归关系。典型的非线性方程线性化变换方法如表2.11所示。线性化之后的变量变化曲线即可以线性回归方程进行拟合。

表2.11 典型的线性化变换

非线性方程	变化后的线性化方程	线性化变量
$Y=a+b\ln X$	$Y'=a+bX'$	$Y'=Y, X'=\ln X$
$Y=1-e^{-aX}$	$Y'=\ln\frac{1}{1-Y}=aX'$	$Y'=\ln\frac{1}{1-Y}, X'=X$
$Y=e^{(a+bX)}$	$Y'=\ln Y=a+bX'$	$Y'=\ln Y, X'=X$

③上述讨论是以自变量 X 的误差远小于因变量 Y 的误差为假设前提。但在实际工程测量中自变量往往也存在误差，因此按上述方法处理自变量存在着误差的线性回归方程只能是近似的。

④若对同一自变量 X 作重复测量时，可应用方差分析对线性回归方程作更深入的分析。

第3章　传感器的基本类型及工作原理

本书第1章介绍了现代计算机测试系统的基本组成,以及各部分的功能。根据国家标准的定义,传感器是一种能感受规定的被测量并按照一定的规律转换成可用输出信号的器件或装置。通过对第1章的学习可以知道,传感器通常处于测试系统的最前端,感受或响应规定的物理量,并通过调理将被测量信息载入输出信号中对外传输。传感器通常由敏感元件和转换元件组成。其中,敏感元件能够直接感受或响应被测量,而转换元件则能够将敏感元件输出的信号转换成适于传输和测量的电信号。由于传感器能够将被测量转换为其他形式或同一形式不同大小的量,因此传感器实际上也是一种能量转换元件。从能量转换的角度看,传感器可分为能量转换型传感器和能量控制型传感器。能量转换型传感器也称无源传感器,该型传感器无需外部能量源,直接从被测对象获取工作能量;能量控制型传感器也称有源传感器,其工作能量由外部能量源提供,被测对象可以控制该能量的变化。传感器的分类方法有很多种,按照能量转换关系的分类只是其中的一种方法。本章将从工作原理的角度,介绍几种在当前测试中经常使用的压电式、磁电式、电感式、光电式和电容式传感器。

3.1　压电式传感器

压电式传感器是一种有源传感器,其利用某些材料的压电效应,将被测量的变化转换成材料表面静电电荷或电压的变化。压电传感器是力敏感元件,常被用于测量压力、应力以及加速度等的变化,在工程中有着广泛应用。

3.1.1　压电效应

当某些晶体在一定方向上受到外力的作用下发生变形(伸长或压缩)时,晶体内部将产生极化现象,从而在表面出现大量电荷,形成电场;而当外力去掉时,晶体重新回到不带电的状态。这种现象即称为晶体的压电效应,具有压电效应的物质称为压电材料。压电材料种类很多,可分为压电晶体与压电陶瓷两大类型,前者为单晶体,后者为多晶体。用于压电传感器的压电材料主要有石英晶体、钛酸钡、锆钛酸铅等。同样地,当某些晶体在一定方向上受到电场作用时,其将在一定的晶轴上产生机械变形,这种现象又称为逆压电效应。因此,压电效应是可逆的,基于晶体这一特性的压电式传感器是一种双向传感器。

各种压电材料产生压电效应的机理是不完全相同的。对于具有压电效应的多晶聚集体,如压电陶瓷,其是由许多细微的单晶体组成。在正常情况下,这些细微的单晶体按任意的方向排列,因此压电陶瓷在极化前没有压电效应。在一定的温度下,对其两个电极的极化面施加高压电场,使内部的单晶被迫取向排列后,压电陶瓷才具有压电效应。这就是压电陶瓷具有压电效应的原理。因此,压电陶瓷的压电效应仍以单晶体的压电效应为基础。

图3.1表示具有天然结构的石英晶体,它是一个正六面体。为便于表示晶体的方向,取垂直的对称轴为 Z 轴,称之为光轴;通过正六面体棱线并垂直于光轴 Z 的轴为 X 轴,称之为电轴;与 $X-X$ 轴和 $Z-Z$ 轴同时垂直的轴为 Y 轴,称之为机械轴。从石英晶体中沿轴向切下一片平行六面体——晶体切片,使它的晶面分别平行于 X,Y,Z 轴,如图3.2所示。

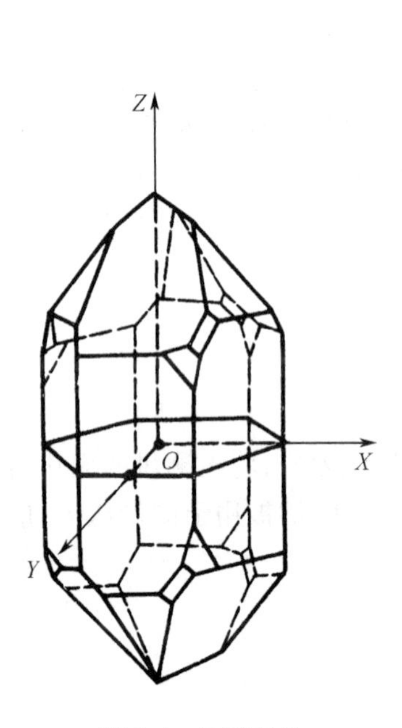

图3.1 石英晶体

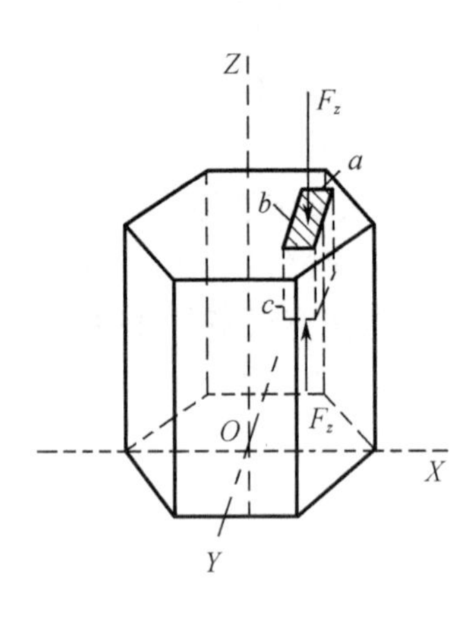

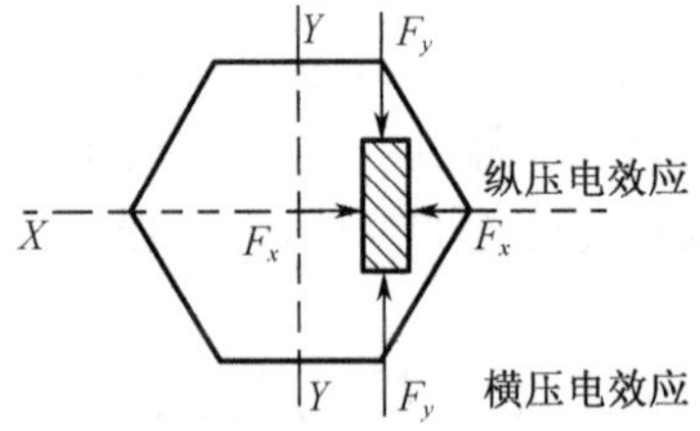

图3.2 石英晶体切片

当沿着电轴方向有作用力 F_x 时,则在垂直于 X 轴的平面上产生电荷 Q_x,其大小为

$$Q_x = d_{xx}F_x \tag{3-1}$$

其中,d_{xx} 为压电系数(单位为C/N),是表征压电材料性能的重要参数,下标表示当受到 X 方向的单位作用力时,压电材料在 X 平面上所产生的电荷量。在一定温度范围内某种压电材料的压电系数为常量。对于石英来说,$d_{xx}=2.31\times10^{-12}$ C/N。电荷 Q_x 的极性取决于沿 X 轴方向作用力的性质。若晶体受压,则为正电荷;反之,若晶体受拉,则为负电荷。由式

(3-1)可以看出,压电式传感器输出电荷量正比于外力的大小。

若晶体受到 Y 方向的作用力 F_y,则垂直于 X 轴的平面上仍有电荷出现,其大小与晶体切片的尺寸有关。

$$Q_y = d_{xy} \cdot \frac{b}{a} \cdot F_y \tag{3-2}$$

其中,d_{xy} 为压电系数,下标表示当受到 Y 轴方向受单位作用力时,压电材料在 X 平面上所产生的电荷量;a,b 为晶体切片的尺寸,如图3.2所示。

对石英晶体来说,$d_{xy} = -d_{xx}$。因此式(3-2)可整理为

$$Q_y = -d_{xx} \cdot \frac{b}{a} \cdot F_y \tag{3-3}$$

由式(3-3)可以看出,石英晶体在 F_y 和 F_x 作用下所产生的电荷极性是相反的。

当石英晶体沿光轴方向受力时,无论力的方向如何,晶体表面均不产生电荷。通常,将晶体沿 X 轴方向受力时产生电荷的现象,称为"纵向压电效应",将沿 Y 轴方向上受力的现象,称为"横向压电效应"。纵向压电效应与晶片几何尺寸无关,而横向压电效应却与晶片几何尺寸的长宽比$\left(\frac{b}{a}\right)$有关。因此,当增大长宽比$\left(\frac{b}{a}\right)$时,可以有效提高压电变换器的灵敏度。

3.1.2 压电式传感器

一个压电传感器可以等效为一个电荷源,如图3.3(a)所示。等效电路上电容器电容 C_0、电荷量 q 和开路电压 u 具有如下所示的关系,即

$$u = \frac{q}{C_0} \tag{3-4}$$

同样地,也可将压电传感器等效为一个电压源,如图3.3(b)所示。

对于一个压电式力传感器来说,由式(3-1)和式(3-4)可知传感器输出电荷 Q 及开路电压 U 与被测力的大小成正比,通过测量传感器输出电荷或电压即可获得所施加的力。若将压电传感器接入测量电路,则还需要考虑电缆电容 C_c、电路输入阻抗 R_i、输入电容 C_u 以及压电传感器的漏电阻 R_a 对测量结果的影响。

为了提高压电式传感器的灵敏度,实际使用的压电式传感器一般很少使用单个压电晶体,往往是采用两片压电晶体以上的组合形式。压电材料是有极性的,所以压电材料在使用中具有两种连接方式:一种是将压电晶体的正负极板相对的串联方法,如图3.4(a)所示。另一种是将同极性板相对的并联方式,如图3.4(b),(c),(d)所示。

假设图3.4电路中的压电晶体类型相同,则对于并联电路,其输出电荷量 Q、开路电压

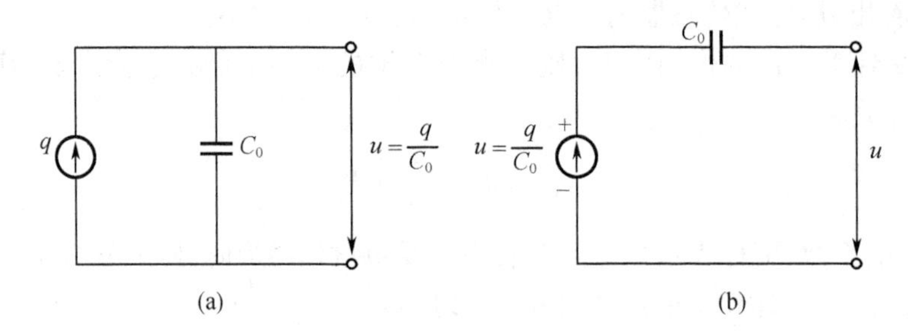

图 3.3 压电传感器等效电路

(a)电荷源;(b)电压源

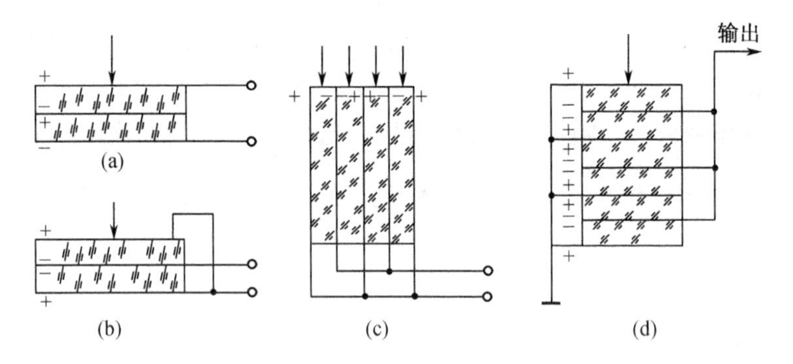

图 3.4 石英晶体的组合方式

(a)串联;(b)并联;(c)并联;(d)并联

U 以及电容 C 与单个压电晶体的对于参数的关系为

$$\begin{cases} Q=2q \\ C=2C_0 \\ U=u \end{cases} \tag{3-5}$$

对于串联电路,各参数间的对应关系为

$$\begin{cases} Q=q \\ C=\dfrac{C_0}{2} \\ U=2u \end{cases} \tag{3-6}$$

通过本书第 1 章中所介绍的内容可知,灵敏度是衡量传感器性能的一项重要技术指标。对于压电式传感器,其电压灵敏度 S_u 为

$$S_u=\frac{U}{F}=\frac{Q}{F\cdot C}=\frac{d\cdot F}{F\cdot C}=\frac{d}{C}\quad (\mathrm{V/N}) \tag{3-7}$$

若传感器内部采用的是多片压电晶体并联的组合方式，则此时传感器的电压灵敏度S_u为

$$S_u=\frac{d}{C_i+nC_0} \tag{3-8}$$

式中 d——晶体的压电系数；

n——压电晶体的数量；

C_0——每片压电元件的电容量；

C_i——测量电路总的电容量。

由式(3-8)可以看出，为提高传感器的灵敏度，需要选用压电系数较大的压电元件及选用电容量小的导线作引出线(一般说来，引出线电容占总电容的比例最大)。另外，当改变传感器的承压面积时，也可增加传感器的灵敏度。

此外，压电传感器在使用中还应注意以下三点：

①压电传感器常用于振动的测量，因此传感器的固有频率是其中一项重要参数。压电式传感器的固有频率主要取决于晶片支撑系统的振动频率。因此，在装配过程中应使压电式传感器保持适当的预紧力，以提高传感器的自振频率，保证传感器输入-输出的线性关系。压电式传感器的实际固有频率约为50~300 kHz。

②由于压电式传感器实际产生的电荷量是微量的，所以，防止电荷的漏泄是特别重要的，因此，要求传感器一定要采用良好的绝缘材料。

③为减小温度对传感器性能的影响，对高温条件下使用的压电变换器，采取正确的冷却措施(水冷或气冷)是必不可少的。

3.1.3 压电式传感器对测量电路的要求

压电传感器可以等效为一个电压源，若考虑电路的输入电阻，则压电式传感器可以等效为如图3.5所示的串联电路。根据电容器的放电特性，测量电路将按照指数规律放电，如图3.5所示。当放电时间等于3~4倍的时间常数R_LC时，电路电压接近于零。

当压电传感器用于测量动态交变力时，由于作用在传感器上的力是不断变化的，传感器所产生的电荷能够不断地得以补充，因此测量时能够获得较为可靠的信号。然而，当压电传感器用于静态或准静态量的测量时，由于电容器的放电特性，测量电路输出的电荷、电压信号将随时间以指数规律减小。这种情况下，为保证测量的准确性，必须采用能够保护传感器极板上电荷的措施。由电容器的放电特性可知，降低测量电路在一定时间内放电损失的关键在于提高输入电阻R_L的数值。一种常用的方法是在压电式传感器输出端接入一

个高阻抗的前置放大器，经阻抗变换之后再接入一般的放大、检波电路。压电传感器的前置放大器通常有两种：一种是电压放大器，其输出电压正比于输入电压（即传感器的输出电压）；另一种是电荷放大器，其输出电压正比于输入电荷（即传感器的输出电荷）。两种前置放大器可根据测量的实际需要选用。

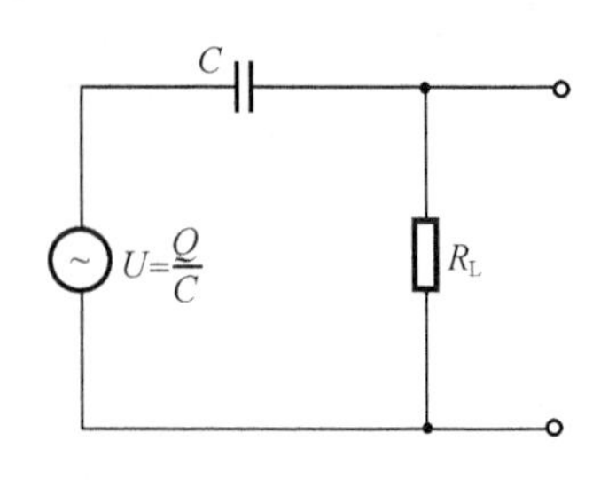

图 3.5 压电式传感器的等效电路图

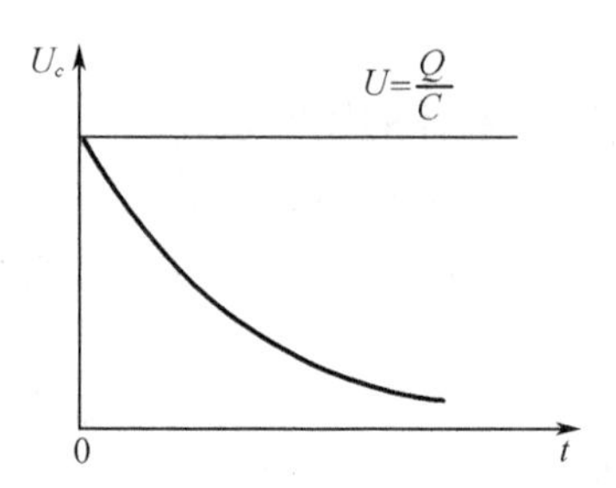

图 3.6 电容器放电特性曲线

3.2 磁电式传感器

磁电式传感器是将被测量的变化转换为感应电动势的传感器。磁电式传感器的工作原理是电磁感应定律。

磁电式传感器是以导线在磁场中运动，产生电动势的电磁感应原理为基础的。由电磁感应原理可知，W 匝线圈里的感应电势 E 决定于贯穿该线圈的磁通 Φ 的变化率，即

$$E = -W\frac{\mathrm{d}\Phi}{\mathrm{d}t} \tag{3-9}$$

其中，负号表示感应电势 E 所产生的电流总是阻止磁通 Φ 的改变。

由式(3-9)可知，线圈感应电动势 E 的大小取决于线圈的匝数 W 和穿过线圈的磁通变化率 $\mathrm{d}\Phi/\mathrm{d}t$。磁通变化率又与所施加的磁场强度、磁路磁阻以及线圈相对于磁场的运动速度有关。改变上述的任意一个参数，线圈的感应电动势都会发生改变。因此，磁电式传感器一般可分为动圈式、动磁铁式和磁阻式三类。其中，动圈式和动磁铁式传感器的磁感应强度 B 以及线圈长度 l 为定值，磁阻式传感器由于磁铁与导磁材料的工作间隙随两者的相对运动不断发生改变，从而导致磁路磁阻也是变化的。

3.2.1 动圈式和动铁式传感器

动圈式和动铁式磁电传感器在工作间隙内的磁通是恒定的，线圈和磁铁发生相对运

动，切割磁力线，从而在线圈中产生感应电势。图3.7(a)和图3.7(b)是该传感器的结构原理图。对于图3.7(a)所示的线位移式结构，传感器磁铁固定，磁感应强度B为一定值，线圈在磁场中做速率为v的直线运动，其所产生的感应电动势E为

$$E = WBlv\sin\theta \tag{3-10}$$

式中　W——有效线圈匝数，指切割磁力线的线圈匝数；

l——单匝线圈的有效长度；

θ——线圈运动方向与磁场方向的夹角，一般情况下$\theta = 90°$。

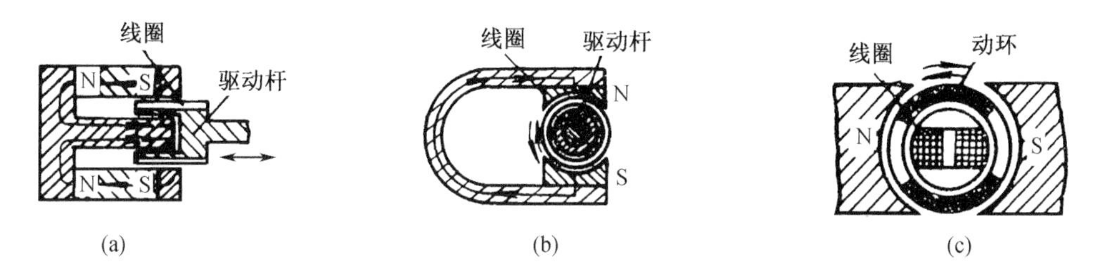

图3.7　磁电式传感器结构原理

由式(3-10)可以看出，当传感器的结构参数(B,L,W)选定时，感应电动势E的大小取决于线圈的运动速率v，故该传感器常用于速度的测量。将测量得到的速度经过微分或积分运算可以得到运动物体的加速度或位移，因此该传感器也可用于测量运动物体的加速度和位移。

图3.7(b)为角速度型动圈式传感器的结构。该类型传感器的磁场是恒定的，线圈在磁场中做旋转运动，切割磁力线，其所产生的感应电动势E为

$$E = kWBA\omega \tag{3-11}$$

式中　W——有效线圈匝数；

B——磁感应强度；

A——单匝线圈的截面积；

ω——线圈与磁铁相对运动的角速度；

k——传感器的结构参数，$k<1$。

由式(3-11)可知，当结构参数(B,A,W)选定时，传感器感应电动势E与线圈相对于磁场的转动角速度成正比。这种传感器常用于测量运动物体的转速。

3.2.2　磁阻式传感器

图3.7(c)所示为磁阻式传感器的结构，图中所示传感器的线圈由磁性材料制成，随被

测轴一起转动,而导磁材料的位置是固定的。由于磁性材料的运动,磁路中磁阻不断发生变化,从而引起了贯穿线圈磁通 Φ 的变化,产生感应电势。这种传感器的特点是结构简单、使用方便,可用来测量转速、振动和偏心量等。

图 3.8 是另一种形式的磁阻式传感器。其中,永磁铁和线圈(缠绕在永磁铁上)均固定,当带槽运动件转动时,随着凹槽与永磁铁距离的周期性变化,线圈将输出高低电势脉冲,脉冲频率 f 与转速 n 的关系为

$$f=\frac{Nn}{60} \tag{3-12}$$

式中 n——被测轴的转速,r/min;

N——圆周上的凹槽数。

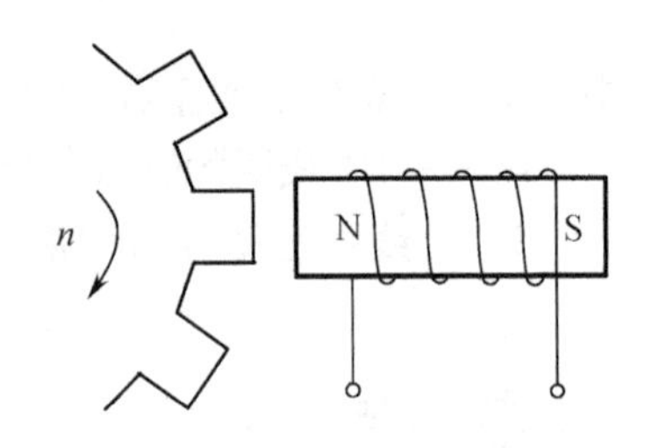

图 3.8 磁阻式传感器结构原理图

3.3 电感式传感器

电感式传感器是一种利用电磁感应定律,将被测物理量转换成电感量的传感器。按照其不同的转换方式,电感式传感器可分为自感式(变磁阻)和互感式(变化初、次级线圈间耦合程度)两类。

3.3.1 自感式电感传感器

将被测机械量(主要是线位移或角位移)的变化转换为磁路中自感系数 L 或互感系数 M 的变化,再将变化的 L 和 M 引入一定的转换电路后,便可得到相应的电信号,以实现对被测机械量的测量。这就是电感式传感器的基本工作原理。

图 3.9(a)是一种自感式电感传感器原理图。传感器由衔铁、线圈和铁芯组成。线圈由电压和频率均为定值的交流电源供电,铁芯与衔铁间设有空气隙 δ。当衔铁被测物体产生位移时,空气隙 δ 将发生变化,从而使传感器的自感量 L 发生变化,其大小与所加电流 I 成反比,即

$$L=\frac{W\Phi}{I} \tag{3-13}$$

式中 W——线圈匝数;

Φ——磁通量;

I——线圈中电流。

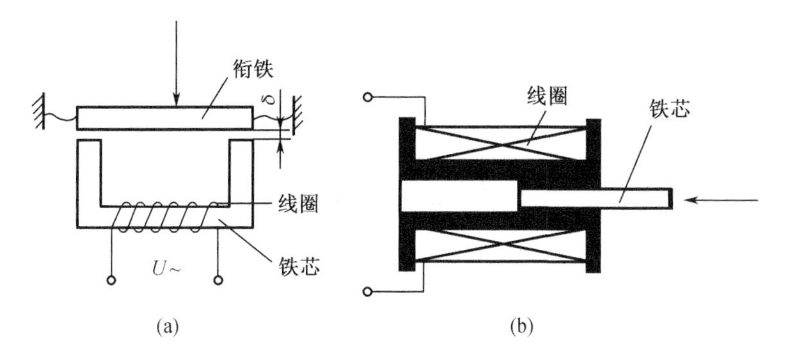

图 3.9　变磁阻式电感传感器

又根据磁路欧姆定律有

$$\Phi=\frac{IW}{R_{\mathrm{m}}}=\frac{IW}{R_f+R_\delta} \tag{3-14}$$

其中

$$\begin{cases}R_f=\sum_{i=1}^{n}\frac{L_i}{\mu_i S_i}\\ R_\delta=\frac{2\delta}{\mu_0 S}\end{cases}$$

式中　R_{m}——总磁阻，由导磁体磁阻 R_f 和气隙磁阻 R_δ 组成；

L_i——各段导磁体的长度；

S_i——各段导磁体的截面积；

δ——空气隙厚度；

S——气隙截面积；

μ_0——空气的导磁率；

μ_i——各段导磁体的导磁率。

将式(3－14)带入式(3－13)，得

$$L=\frac{W^2}{\sum_{i=1}^{n}\frac{L_i}{\mu_i S_i}+\frac{2\delta}{\mu_0 S}} \tag{3-15}$$

由于电感式传感器的导磁体是软磁材料，其导磁率 μ_i 远大于空气导磁率 μ_0（大数千倍至数万倍），故有

$$\sum_{i=1}^{n}\frac{L_i}{\mu_i S_i}=\frac{2\delta}{\mu_0 S}$$

忽略导磁体磁阻 R_f，则总磁阻 R_m 可近似为

$$R_{\mathrm{m}} \approx \frac{2\delta}{\mu_0 S}$$

则式(3－15)可写为

$$L = \frac{W^2}{R_\delta} = \frac{W^2 \mu_0 S}{2\delta} \tag{3-16}$$

由式(3－16)可以看出，当线圈匝数 W 确定后，磁路中的自感 L 与空气隙 δ 成反比，与气隙截面积 S 成正比。由此，自感式电感传感器可分为变气隙长度和变气隙截面两种，前者用于测量线位移，后者用于测量角位移。

线圈中的总阻抗为

$$Z = \sqrt{R^2 + (\omega L)^2} = \sqrt{R^2 + \left(\omega \frac{W^2 \mu_0 S}{2\delta}\right)^2} \tag{3-17}$$

通常，设计电感式传感器时必须保证导磁体不饱和，并且线圈中电阻 R 远小于感抗 ωL，即 $R = \omega L$。若忽略线圈电阻 R，则式(3－17)可整理为

$$Z = \frac{\omega W^2 \mu_0 S}{2\delta} \tag{3-18}$$

由式(3－16)和式(3－18)可以看出，线圈中的阻抗(电感量)与空气隙 δ 成双曲线关系，如图 3.10 所示。此时传感器的灵敏度 α 为

$$\alpha = \frac{\mathrm{d}L}{\mathrm{d}\delta} = -\frac{W^2 \mu_0 S}{2\delta^2} \tag{3-19}$$

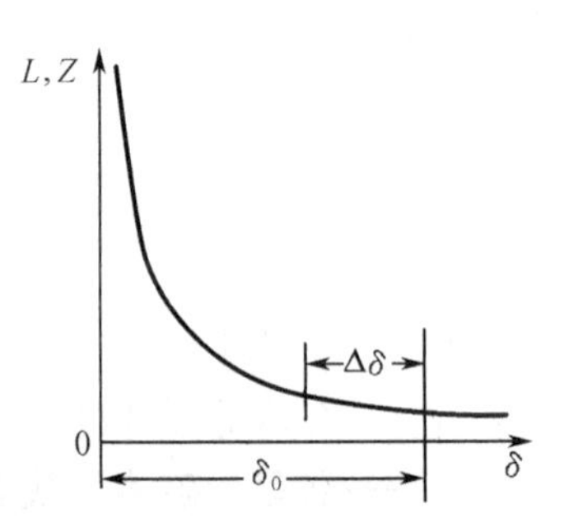

图 3.10　电感式传感器的特性曲线

由式(3－19)可知，自感式电感传感器的灵敏度 α 与空气隙 δ 的平方成反比，δ 越小传感器灵敏度越高。因此气隙的初始值 δ_0 不宜过大，以保证传感器在近似于直线部分工作，一般允许气隙的变化 $\Delta\delta_{\max} = (0.15 \sim 0.25)\delta_0$ 左右。

此时流过线圈中的电流为

$$I = \frac{2U\delta}{\omega W^2 \mu_0 S} \tag{3-20}$$

当被测量产生大的位移时，电感式传感器可采用另一种变磁阻式的螺管式电感传感器，如图 3.9(b)所示。传感器由螺管式线圈和插入其中的可动铁芯构成，它是一种开磁路的传感器，其工作原理是基于线圈漏泄路径中的磁阻变化。线圈的电感量 L 与衔铁插入深度有一定的函数关系。这种具有可动铁芯的螺管式传感器的优点是结构简单，制作容易，但是其具有灵敏度较低的缺点，不过这一缺点可在电路中加以解决。该型传感器适于测量

数毫米到几百毫米的大位移。

3.3.2　差动式电感传感器

为提高自感式传感器的灵敏度，增大传感器的线性工作范围，在实际应用中较常采用的是由具有公共衔铁的两变磁阻式传感器组合形成的差动式电感传感器，该传感器的结构如图3.11所示。

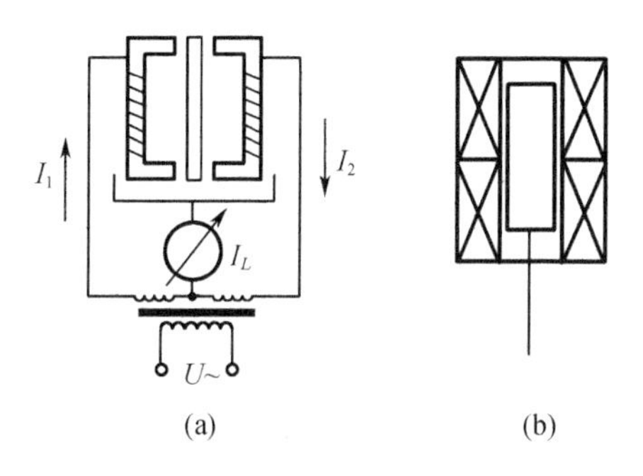

图3.11　差动式电感传感器

当图3.11(a)中的衔铁位于中间位置时，即位移为零时，两线圈的电感量相等，此时有$I_1=I_2$，指示器中的电流$I_L=I_1-I_2=0$；当衔铁有位移时，则其中一个电感传感器的空气隙将增加，另一个则减小，此时两线圈中的电感量$L_1\neq L_2$，所以指示器中的电流$I_L=I_1-I_2\neq 0$，输出电流I_L的大小就表示了衔铁的位移量，且当衔铁移动方向改变时，输出电流的方向也随之改变。由于一个电感传感器空气隙的增加必然对应着另一个空气隙的减小，且变化幅值均为$\Delta\delta$，因此输出电流将是单个传感器输出电流的两倍。相应地，传感器的灵敏度也增加一倍。

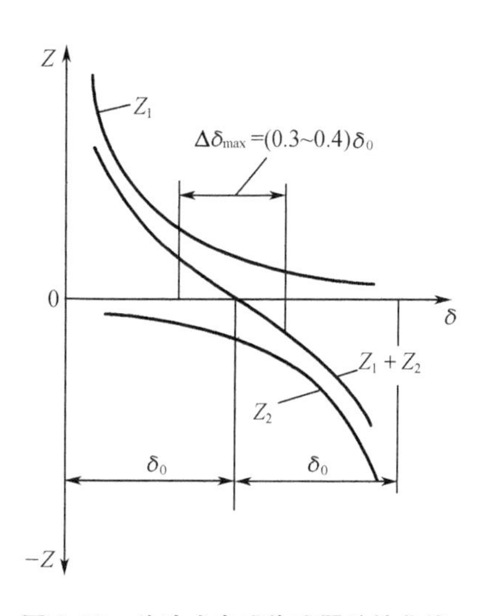

图3.12　差动式电感传感器特性曲线

差动式电感传感器特性曲线如图3.12所示。图中$Z_1=f_1(\delta)$，$Z_2=f_2(\delta)$为原电感式传感器的特性曲线，$Z=f_3(\delta)$为两个传感器组合形成的差动式电感传感器。由于$Z=Z_1+Z_2$，因此差动式电感传感器增加了线性工作范围，$\Delta\delta_{max}=(0.3\sim0.4)\delta_0$。螺管式电感传感器同样可以组合成差动形式，图3.11(b)即为差动螺管式电感传感器的示意图，其工作原理与图 3. 11(a)的工作原理相同。相比较于单螺管式电感传感器,差动螺管式传感器有着更高的灵敏度和线性工作范围。

电感传感器的测量电路是将传感器的电感量的变化变换为电压和电流信号,以便进行放大、指示或记录等处理。差动式电感传感器的测量电路有交流分压器式、交流电桥式和谐振式电路等,对于差动式电感传感器来说,用得较多的是交流电桥电路。图 3. 13 就是用于差动螺管式电感传感器的电桥电路。

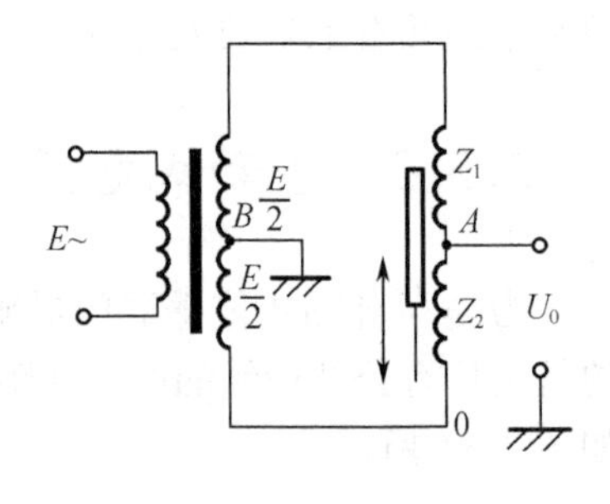

图 3.13 差动电桥

3.3.3 互感式电感传感器

互感式传感器又称差动变压器式电感传感器,其能将被测物体的位移信息转化为传感器互感的变化。如图 3. 14 所示,当线圈 W_1 输入交流电 I 时,线圈 W_2 将产生感应电动势 E_{12},其大小正比于电流 I 的变化率,即

$$E_{12} = -M\frac{\mathrm{d}I}{\mathrm{d}t} \tag{3-21}$$

其中,M 为互感,是线圈 W_1 和 W_2 之间耦合程度的度量,其大小与两线圈的相对位置及周围介质的磁导率等因素有关。

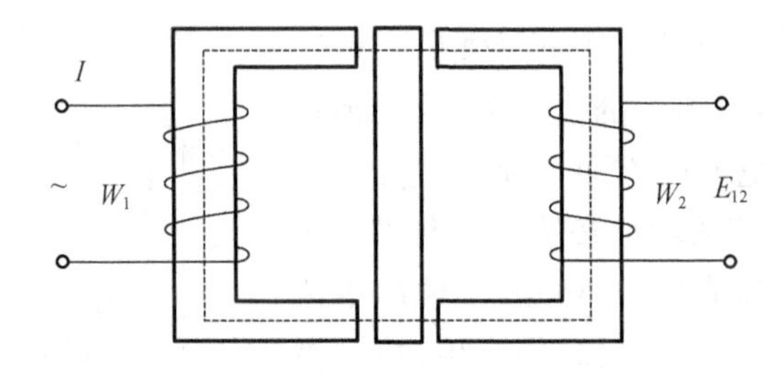

图 3.14 互感式传感器

互感式传感器正是利用上述原理将被测物体的位移转换为线圈互感的变化。这种传感器实质上就是一个变压器,其初级线圈接入稳定的交流激励电源,次级线圈被感应而产生对应输出电压,当被测参数使互感 M 产生变化时,传感器输出电压 E_{12} 也将随之改变。由于次级线圈常采用两个线圈接成差动型,因此这种传感器又称为差动变压器式传感器。

3.4　光电式传感器

光电式传感器是将被测量变化转换成光生电动势变化的传感器。在测量时,光电式传感器首先将被测物理量转换为光量,然后利用光电效应将光量转换为电信号输出。金属或半导体物质的光电效应是光电式传感器的理论基础。当具有一定能量的光子微粒,投射到这些物质的表面时,具有辐射能量的微粒将透过受光物质的表面层,赋予这些物质中的电子以附加能量,使其动能增加。光电效应就是由于这些物质的材料吸收到光子能量的结果。依据光线照射到物质表面后产生的不同效果,光电效应可以分为外光电效应、内光电效应和光生伏特效应。基于不同的光电效应,光电式传感器相应地存在不同的类型。

3.4.1　基于外光电效应的光电转换元件

在光线作用下,物质内电子逸出物质表面的现象称为外光电效应。一般将逸出的电子称为光电子,因此外光电效应也称为光电子发射效应。外光电效应的实质是能量形式的转变,即光辐射能量转化为电磁能。当物体受到光辐射时,光子所携带的能量被物体吸收,该辐射能量一部分转化为电子逸出时所做的逸出功 A,另一部分则转化为电子逸出物体表面时具有的初始动能$\frac{1}{2}mv^2$,即

$$h\boldsymbol{v}=\frac{1}{2}mv^2+A \tag{3-22}$$

式中　h——普朗克常数;

$\boldsymbol{v}$——入射光频率;

m——电子质量;

v——电子逸出速度。

式(3-22)为爱因斯坦光电效应方程式。由式(3-22)可知,电子逸出物体表面的必要条件是 $h\boldsymbol{v}>A$,因此,对于每一种光电材料均有一个确定的入射光频率阈值。当入射光频率成分不变时,单位时间内发射的光电子数与入射光强成正比,入射光强越大,则逸出的电子数越多。

基于外光电效应的转换元件有光电管、光电倍增管等。

1. 光电管

光电管有多种类型,其中最典型的两种光电管的外壁如图3.15所示,真空玻璃泡内装有两个电极,一个是对光敏感的光电阴极,另一个是位于阴极前面的装有单根金属丝或环

状的阳极。当光电管的阴极受到外部的光线照射时，入射光子携带的能量将传递至阴极材料的自由电子。若电子获得的能量满足逸出物体表面所需的必要条件，即 $hv>A$，则自由电子将克服金属表面的束缚而逸出，形成电子发射。此时，若在光电管的阳极上接入正电位，则光电子将被阳极所吸引，从而在光电管内形成空间电子流。若将光电管与负载电阻串联后接入电路，则负载电阻两端将产生一定的电压降。将此电压经过放大，便可控制其他元件，从而实现光电信号的转换。

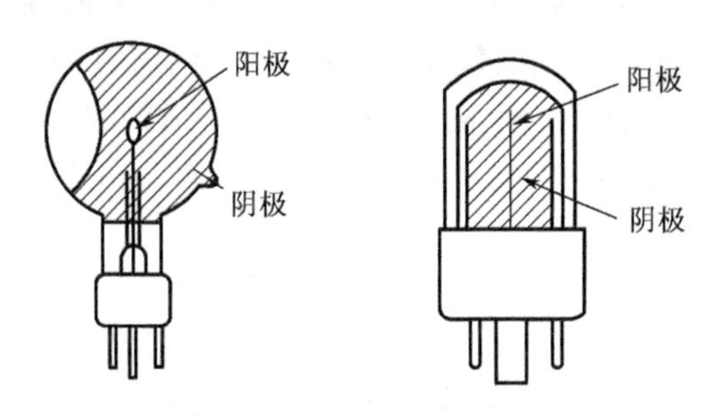

图 3.15 典型光电管外形

上述光电管称为真空光电管，除此之外，常用的还有充气光电管。真空光电管与充气光电管的结构相同，区别在于前者玻璃泡内为真空状态，而后者的玻璃泡内冲入了氩、氖等惰性气体。充气光电管内部有惰性气体的存在，在激发后光电子的不断轰击作用下，气体分子将产生电离，从而产生更多可以自由移动的带电粒子，这些粒子在电场的作用下向光电管阳极运动，形成更强的电流。因此，与真空光电管相比，充气光电管具有更高的光电变换灵敏度。

如前所述，入射光频率阈值与光电材料有关。因此，不同的光电管由于阴极材料的不同，其要求的入射光频率也不相同。此外，在同一入射光强下，不同的入射光频率所能激发的光电子数量也不相同，即同一光电管对不同频率的入射光具有不同的灵敏度。这一特点称为光电管的光谱特性。此外，光电管还具有伏安特性、光电特性等不同的性质，这些性质可以在后续实验中进一步了解。

2. 光电倍增管

光电倍增管的基本原理与光电管一致，均由阴极感受入射光信号并发射光电子，光电子在电场的作用下定向运动形成电流。与光电管不同的是，光电倍增管在阴极与阳极之间设有多个电极，称为倍增电极。倍增电极的电位沿阳极方向依次增加。在这种结构下，由前一级倍增电极反射的电子继续轰击后一级倍增电极，从而激发出 δ 倍的次级电子（δ 称为倍增率）。这一过程不断进行，直至电子到达阳极。若光电倍增管内有 n 个倍增电极，则光

电流的倍增系数 M 为

$$M=(C\delta)^n$$

其中，C 为倍增电极的电子收集效率(假设各级电极的收集效率一致)。

因此，光电倍增管与同一形式的光电管的电流关系为

$$I=I_0\cdot M=I_0\cdot(C\delta)^n \tag{3-23}$$

式中　I——光电倍增管电流；

I_0——相同类型的光电管电流。

由式(3-23)可以看出，光电倍增管的灵敏度极高。因此，该传感器适合于微弱光环境下的测量，而不能接受强光的照射，否则容易损坏。

3.4.2　基于内光电效应的光电转换元件

在光照作用下，物体的导电性能发生改变的现象称为内光电效应。与外光电效应不同的是，在内光电效应中，物体吸收入射光子携带的能量后所释放的电子并不逸出物体表面，而是仍然停留在物体内部，从而改变物体的导电性能。内光电效应的物理过程是：当物体受到外部光线照射时，其内部价带中的电子受到能量大于禁带宽度的光子轰击，并使其由价带越过禁带跃迁入导带，从而使导带中的电子和价带中的空穴浓度增大，物体的电导率也随之增大。由上述物理过程可知，材料能够发生内光电效应的必要条件是光子能量大于禁带宽度，即 $hv>E_g$。

光敏电阻和由光敏电阻制成的光导管是内光电效应的典型应用。

光敏电阻是基于内光电效应的光电转换元件。无光照时，光敏电阻的阻值很高；但当其受到光照时，电子能量将激发出电子-空穴对，这就大大地增加了其导电性能，使阻值降低。光照越强，光敏电阻的阻值越小。当光照停止后，自由电子与空穴将重新组合，光敏电阻的阻值也将重新恢复至原来的大小。光导管结构如图3.16所示。由图可知，光导管是由半导体光敏材料两端装上电极引线后构成。如果将光导管与仪表和电源相接，在光线照到光敏材料时，其阻值就会急剧下降，这时在仪表上就会有信号输出。

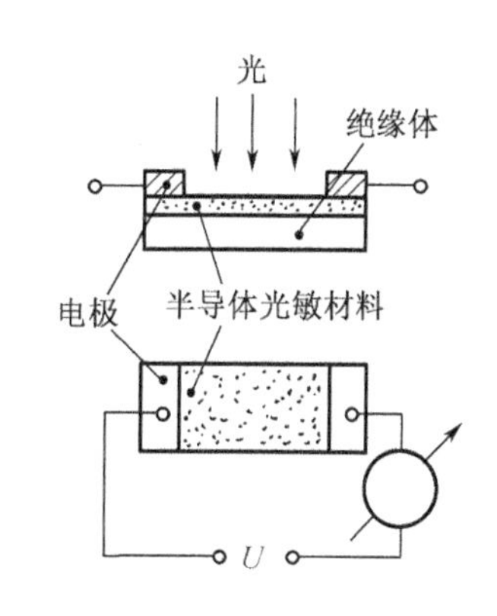

图3.16　光敏电阻结构原理图

光敏电阻的主要优点之一是它在红外光谱的范围内非常灵敏，如图3.17所示，光谱响应范围可从紫外区一直到红外区。比如硫化铅的光谱范围覆盖在整个红外区域内，而硫化镉的峰值则处在可见光

区域。所以在选择光敏电阻时，要注意把元件和光源结合起来考虑，以达到满意的效果。此外，光敏电阻还具有体积小、性能稳定以及价格低廉等优点，因而在自动化技术中得到了广泛应用。

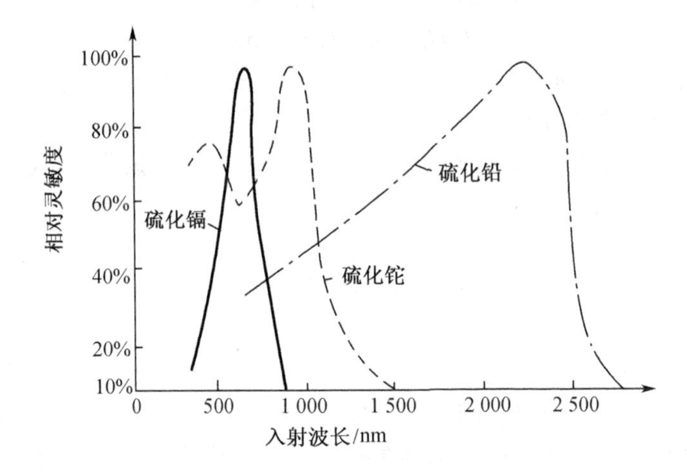

图 3.17 光敏电阻的光谱特性曲线

光敏电阻的光谱温度特性也和其他半导体器件一样，其光学和电学的性能受温度影响较大。在温度升高时，它的暗电阻和灵敏度都将下降，其光谱特性也将发生改变。图 3.18 给出了硫化铅光敏电阻的温度特性，其峰值随着温升向短波方向移动，所以有时为提高其灵敏度和接受远红外光而采取降温措施。光敏电阻的主要特性，如光照特性、伏安特性和频率特性等将在本书后面章节的实验中加以详细介绍。

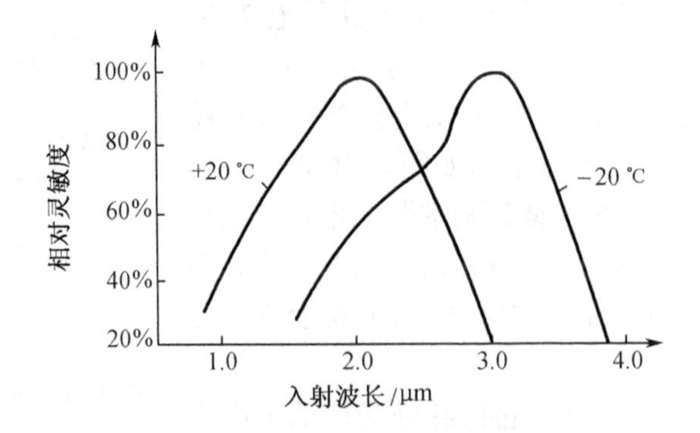

图 3.18 硫化铅的光谱温度特性

3.4.3　基于光生伏特效应的光电转换元件

在光照条件下,某些物体内部将产生一定方向的电动势,这种现象称为光生伏特效应。在PN结中,由于P型半导体和N型半导体在交界处载流子浓度的差异性,必然会发生两部分多数载流子的扩散运动,即P区中一部分空穴(多子)扩散到N区以后,在P区一侧留下一些带负电的杂质离子;同时,N区中一部分电子(多子)扩散到P区以后,在N区一侧留下一些带正电的杂质离子。于是在交界面处形成了一层呈现高阻抗的正负离子层,这一离子层称为载流子耗尽区。当漂移运动达到动态平衡时,PN结内部的内电场将阻止漂移运动的继续进行。当外界光照射到PN结上时,入射光子的能量被半导体吸收,若光子能量$h\nu$大于半导体材料的禁带宽度,则获得能量后的部分电子克服共价键的束缚,原有的电子组合将被拆开,激发后的电子由介带运动至导带,从而产生电子-空穴对。当半导体PN结处于零偏或反偏状态时,在半导体结合面耗尽区存在一个与外电场同向的内电场。带负电的电子和带正电的空穴在内电场的作用下分别运动到N型区和P型区,从而使PN结两端分布有等量的异性电荷,形成电势差。基于光生伏特效应的光电器件有光电池和光敏晶体管等。

1. 光电池

光电池是一种有源器件,其有一个大面积的PN结,当光线照到PN结的光照面上时,光电池能够直接将光能转换成电能。光电池的种类有很多,如硅光电池、硒光电池和砷化镓光电池等。硅光电池由于具有光电转化效率高、使用寿命长、价格低廉等优点,得到了广泛的应用。砷化镓光电池的转化效率理论上高于硅光电池,其光谱响应特性与太阳光谱接近,且其工作温度最高,耐受宇宙射线的辐射,因此砷化镓光电池可作为宇航电源。

光电池的光谱特性曲线如图3.19所示。由曲线可以看出,不同材料的光电池其峰值的位置也不同。例如硅光电池在0.8 μm附近,而硒光电池在0.54 μm附近,因此,硅光电池适于在波长0.45~1.1 μm范围内使用,而硒光电池适于在波长0.34~0.5 μm范围内使用。在实际使用中,就可以根据光谱特性曲线选择光源性质和光电池。此外,硅光电池的灵敏度为6~8 $\mathrm{nA\cdot mm^{-2}\cdot lx^{-1}}$,响应时间为数微秒至数十微秒。

2. 光敏晶体管

光敏晶体管是受光照时载流子增加的半导体光电器件。通常,将具有一个PN结的器件叫作光敏二极管,而将具有两个PN结的器件叫作光敏晶体管。光敏晶体管的结构如图3.20所示。由图中可以看出,光敏晶体管与普通晶体管非常地相似,同样有e,b,c极,只是基区不接引线,而是在管顶上安装了一块用透镜密闭的透光孔。应用时,只要将发射极接地,在集电极 c 上加以负压,这时当光线透过光孔照到光射极 e 和基极 b 间的 PN 结时,就能获得较大的电流输出,电流的大小随着外界光线的照度而变化。

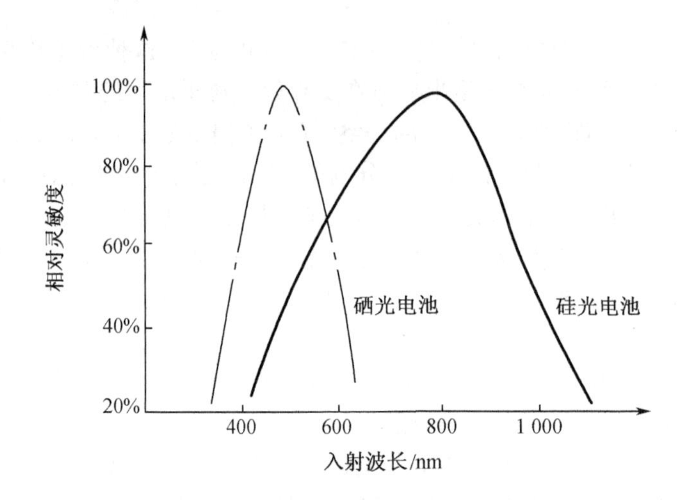

图 3.19 光电池的光谱特性曲线

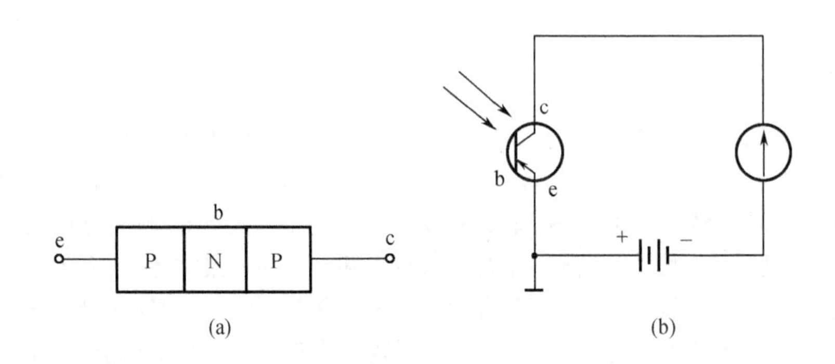

图 3.20 光敏晶体管的结构原理图

光敏晶体管的伏安特性和光照特性如图 3.21 所示。可以看出,光敏晶体管在不同照度下的伏安特性与晶体管的伏安特性一样,只要将入射光在 e,b 间 PN 结附近产生的光电流看作普通晶体管的基极电流,就可将光敏晶体管看成普通的晶体管。光敏晶体管的光照特性给出了光敏晶体管的输出电流 I_e 和照度之间的关系,可以看出两者之间在 2 000 lx 以下近似呈线性关系。由图中还可以看出,外加偏压对光敏晶体管的光电流有显著的影响。且当光照度一定时,在外加偏压较小的情况下,光电流随着偏压的变大急剧增大;而当偏压增大到一定程度后,光电流处于近似饱和状态,其大小随偏压的增加变化缓慢。同时,光敏晶体管输出光电流与入射光照度呈正相关关系，当光照度较大时，光电流随照度增加迅速。

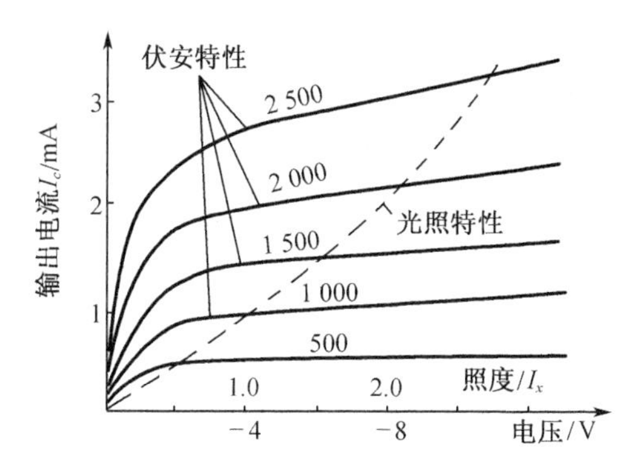

图 3.21　光敏晶体管的伏安特性和光照特性

图 3.22 为光敏晶体管的光谱特性曲线。其光谱特性曲线与其他光电转换元件的光谱特性曲线一样，都有一个峰值，并且当入射波长向两侧增加和减小时，其相对灵敏度都有明显下降的特点。

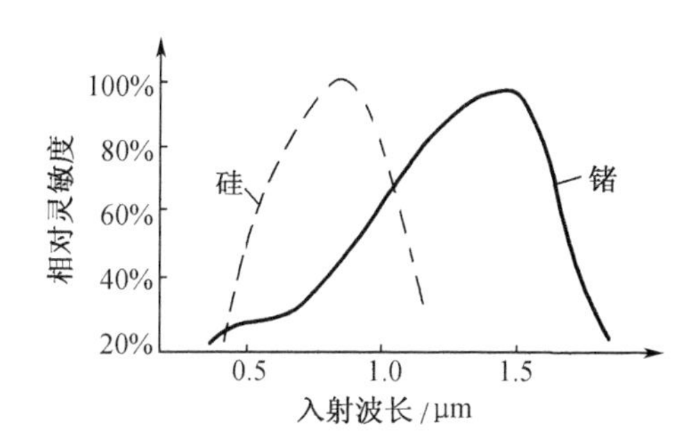

图 3.22　光敏晶体管的光谱特性

从图 3.22 中还可以看出，硅光敏晶体管峰值波长为 0.9 μm 左右，锗光敏晶体峰值波长为 1.5 μm 左右。锗管的暗电流比硅管大，性能较差。因此，在可见光及探测炽热状态的物体时，一般采用硅管，而在对红外光探测时，采用锗管则更为合适。

3.5 电容式传感器

电容式传感器是将位移、压力、振动、液位等被测量转换成电容变化的传感器。该传感器实质上是一个具有可变参数的电容器。

一个平板电容器的电容量取决于极板间介质的介电常数 ε、两极板间的距离 d 以及平行极板的工作面积 S。当忽略边缘效应的影响时,平板电容器的电容量可表示为

$$C=\frac{\varepsilon S}{d} \tag{3-24}$$

当电容的两极板间为真空状态时,电容器的介电常数称为真空介电常数,用符号 ε_0 表示,其值为一常量,约为 8.85×10^{-12} F/m。电容器的介电常数 ε 可利用真空介电常数 ε_0 和相对介电常数 ε_r 的乘积表示,即

$$\varepsilon=\varepsilon_0\cdot\varepsilon_r$$

则式(3-24)可整理为

$$C=\frac{\varepsilon_0\varepsilon_r S}{d} \tag{3-25}$$

相对介电常数 ε_r 由介质本身的性质决定。由式(3-25)可知,电容器的 d,S 和 ε_r 三个参数均能影响电容量 C,当改变这三个参数中的任意一个参数时,就可以实现电容量 C 的改变。根据这一特点,电容式传感器可制作成变极板间隙型、变面积型和变介电常数型三种形式。

3.5.1 变极板间隙型

由式(3-24)可知,电容器的电容量 C 与极板的距离 d 呈反比例变化,二者的关系如图3.23(a)所示。从图中可以看出,极板间距越小,电容量越大;反之,极板间距越大,电容器的电容越小。

该种类型电容式传感器的结构如图3.23(b)所示。图中,极板1固定不动,称为定片,极板2随被测量而变化,称为动片。设电容器在初始状态下极板间距为 d_0,所具有的电容量为 C_0、当电容器动片2在外力作用下移动 Δd 时,电容器的电容量为 C_1,且 C_0,C_1 可分别表示为

$$C_0=\frac{\varepsilon S}{d_0} \tag{3-26}$$

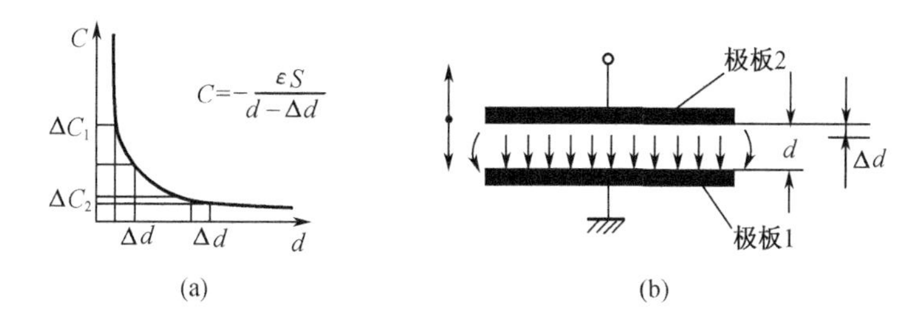

图3.23　改变极板间距离的电容式传感器原理图

(a)电容量与极板的距离 d 的关系曲线;(b)变极板间隙型电容式传感器结构图

$$C_1=\frac{\varepsilon S}{(d_0-\Delta d)}=\frac{\varepsilon S}{d_0\left(1-\frac{\Delta d}{d_0}\right)}=\frac{\varepsilon S\left(1+\frac{\Delta d}{d_0}\right)}{d_0\left(1-\frac{\Delta d^2}{d_0^2}\right)} \tag{3-27}$$

当 $\Delta d = d_0$ 时,$1-\left(\frac{\Delta d}{d_0}\right)^2\approx 1$,则式(3-27)可简化为

$$C_1=\frac{\varepsilon S\left(1+\frac{\Delta d}{d_0}\right)}{d_0}=C_0+C_0\frac{\Delta d}{d_0} \tag{3-28}$$

由式(3-26)和式(3-28)可得

$$\Delta C=C_1-C_0=C_0\frac{\Delta d}{d_0}=\frac{\varepsilon S}{d_0^2}\cdot\Delta d \tag{3-29}$$

由于电容器的其他参数 ε,d_0 和 S 均为定值,因此式(3-29)表示该电容变量 ΔC 与极板间距的该变量 Δd 呈线性关系。但是,式(3-29)成立的前提假设是 $\Delta d = d_0$,而当该条件不满足时,则电容 C_1 表达式中的 $1-(\Delta d/d_0)^2$ 项不可忽略,原表达式将存在二次项。此时,式(3-29)所示的线性关系将不再成立。因此,变极板间隙型电容式传感器仅适于在 Δd 较小的范围内工作。

由式(3-29)还可以得到该类型电容式传感器的灵敏度为

$$\alpha=\frac{\Delta C}{\Delta d}=\frac{\varepsilon S}{d_0^2} \tag{3-30}$$

式(3-30)表明,变极板间隙型传感器的灵敏度与初始间距的平方呈反比,较小的极板初始间距对应着较大的灵敏度,这一点由图3.23也可以看出,当极板间距离 d 减小时,在改变同样大小的 Δd 时,引起的电容变化量 ΔC 较大,即 $\Delta C_1>\Delta C_2$。另一方面,当极板间距离过小时,电容容易被击穿。因此,为避免这一不足,实际中通常在极板间放置绝缘物质(如云母片),如图3.24所示。此时,电容器的电容量为

$$C=\frac{S}{\frac{d-d_0}{\varepsilon_e}+\frac{d_0}{\varepsilon_0}} \tag{3-31}$$

式中 ε_e——云母片的介电常数；

ε_0——空气的介电常数；

d——极板间距离；

d_0——空气隙厚度。

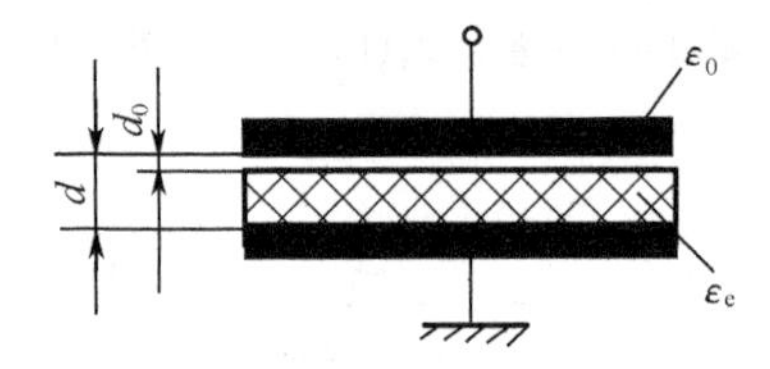

图 3.24 极板间具有固体介质的电容式传感器原理图

由于云母的介电常数为空气的 7 倍，因此其具有很高的击穿电压（不小于10^3 kV/mm），从而能够大大地减小极板间的初始距离。对比式(3－31)与式(3－26)可知，在添加云母片后，相当于在式(3－24)中加入了$\frac{d-d_0}{\varepsilon_e}$项。当传感器结构确定时，该项为一恒定值。因此云母片的厚度不影响 Δd 的变化。此外，使用云母片还可防止由于极板间出现导电微粒而引起的绝缘不良。

3.5.2 变工作面积型

改变极板的有效工作面积同样可以获得电容器输出电容的变化。图 3.25 为两种常见的变工作面积型电容式传感器的原理图。其中，图 3.25(a)是电容式角位移传感器的原理图。当动片有一角位移时，电容器的有效工作面积 S 改变，因而改变了两极板间的电容量。该形式电容器的电容 C 为

$$\begin{cases} C_0=\frac{\varepsilon S}{d},\theta=0 \\ C_1=\frac{\varepsilon S\left(1-\frac{\theta}{\pi}\right)}{d}=C_0-C_0\frac{\theta}{\pi},\theta\neq 0 \end{cases} \tag{3-32}$$

由式(3－32)可知，这种形式的电容式传感器的电容量 C 与位移 θ 呈线性关系。该型传感器的灵敏度 α 为

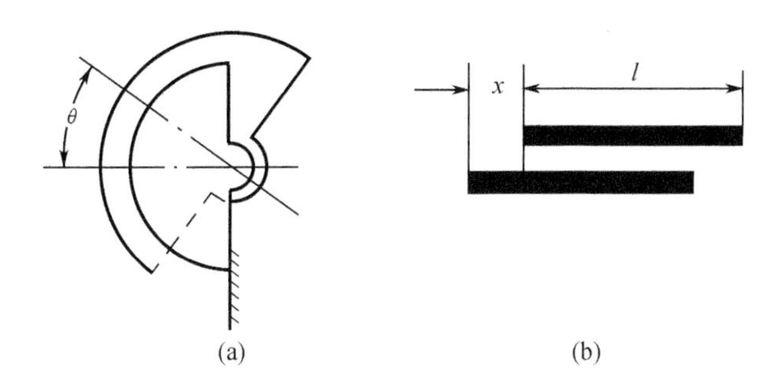

图3.25　改变极板间有效工作面积的电容式传感器原理图

$$\alpha=\frac{\Delta C}{\theta}=\frac{C_0-C_1}{\theta}=\frac{C_0}{\pi} \quad (3-33)$$

图3.25(b)是一种用于测量大位移的电容式传感器原理图。它是利用极板间线位移，来改变极板间有效工作面积的。设图中以间距 d 相对放置的两极板尺寸相等，且其大小为 $b\times l$。当电容器的有效工作面积为 $b\times l$，即两极板正对时，电容器的输出电容最大，为

$$C_0=\frac{\varepsilon bl}{d} \quad (3-34)$$

若其中一块电极板在被测物理量的作用下发生了平移，位移大小为 x，则此时电容器的有效工作面积为 $b(l-x)$。由于有效工作面积的减小，电容量也将由初始值 C_0 降低至 C_1，有

$$C_1=\frac{\varepsilon b(l-x)}{d} \quad (3-35)$$

由式(3－35)可知，电容量与极板的位移大小存在着线性关系，直线的斜率即为传感器的灵敏度。结合式(3－34)和式(3－35)还可以得到该型传感器的灵敏度 α，即

$$\alpha=\frac{\Delta C}{x}=\frac{C_0-C_1}{x}=\frac{C_0}{l} \quad (3-36)$$

除了上述两种形式外，圆柱体线位移式传感器也是通过改变工作面积获得电容变化。由式(3－33)和式(3－36)可以看出，该种形式的电容传感器的典型特点是输入－输出为线性关系，因而被广泛地用于测量角度或机械位移的电容式传感器中。需要说明的是，电容器极板的移动必须有精确的导向，以严格保持极板间距不变。否则，极板间距的改变将对测量结果带来影响。

变工作面积型电容式传感器在实际中有着广泛的应用。举例来说，人们熟悉的电容液面计就是利用了电容量与有效工作面积的关系。此外，采用变面积电容传感器还可用于各种压力、加速度等物理量的测量。

3.5.3 变介电常数型

该型传感器通过改变电容器的介电常数,获得不同的电容输出。图 3.26 为两种不同形式的变介电常数型电容式传感器。其中,图 3.26(a)是一种插入深度可变的电容器。

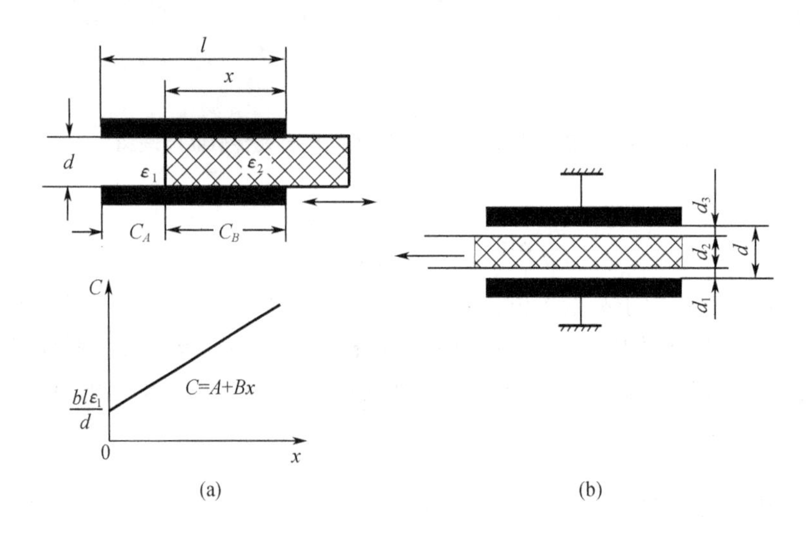

图 3.26 改变介电常数的电容式传感器原理图

如图 3.26 所示,电容器的极板间插入一个其他形式的电介质,电介质与两极板的距离保持一定,其插入的深度可调。此时,该电容器相当于两个不同电介质的子电容器并联,总电容由两个子电容组成,即

$$C = C_A + C_B \tag{3-37}$$

式中 C_A——原电介质对应的子电容;

C_B——插入的电介质对应的子电容。

由式(3-24)可知

$$\begin{cases} C_A = \dfrac{b(l-x)\varepsilon_1}{d} \\ C_B = \dfrac{bx\varepsilon_2}{d} \end{cases} \tag{3-38}$$

式中 l——极板长度;

b——极板宽度;

d——极板间距离；

ε_1——原电介质的介电常数；

ε_2——插入的电介质的介电常数。

将式(3-38)带入式(3-37)，整理得

$$C=\frac{b(l-x)\varepsilon_1+bx\varepsilon_2}{d}=\frac{bl\varepsilon_1+bx(\varepsilon_2-\varepsilon_1)}{d} \tag{3-39}$$

当传感器结构确定时，式(3-38)中 l,b,d 以及 $\varepsilon_1,\varepsilon_2$ 均为常数，令

$$\begin{cases}A=\dfrac{bl\varepsilon_1}{d}\\[2ex] B=\dfrac{b(\varepsilon_2-\varepsilon_1)}{d}\end{cases}$$

则式(3-39)可整理为

$$C=A+Bx \tag{3-40}$$

式(3-40)表示该型传感器输出的电容量是电介质插入深度的线性函数。

图3.26(b)为另一种形式的改变介质介电常数的电容式传感器。

如图3.40所示，该型传感器的电介质完全填满电容器空间，但其与两极板的距离可调。此时，这一结构可以看作三个子电容器的串联。对于这样一个串联电路，其总的电容量为

$$C=\frac{S}{\dfrac{d_1}{\varepsilon_1}+\dfrac{d_2}{\varepsilon_2}+\dfrac{d_3}{\varepsilon_3}} \tag{3-41}$$

式中　d_1,d_3——插入电介质距下、上极板的距离；

d_2——插入电介质的厚度；

ε_2——插入电介质的介电常数；

$\varepsilon_1,\varepsilon_3$——与 d_1,d_3 对应子电容器的介电常数。

由式(3-40)可知，若电容器的结构尺寸固定，当插入电介质的介电常数 ε_2 发生变化时，电容量 C 将随之发生变化。此时，该传感器可作为介质介电常数 ε_2 的测量仪。同样地，若插入电介质的介电常数 ε_2 不变，而改变电介质的厚度 d_2 时，传感器的输出电容将随着 d_2 的改变而变化。这种方法常用于进行非接触的薄层厚度测量。如测量纸张、塑料薄膜或合成纤维的厚度时，可以将其从两块电容极板间穿过。由于被测材料的介电常数是已知的，所以根据测得的电容值即可求出材料的厚度。

3.5.4　差动式电容传感器

在实际应用中，为了提高传感器的灵敏度、减小非线性和环境温度等因素对测量精度

的影响，上述三种类型的电容传感器在结构上常制成对称配置的差动形式，常用的类型如图 3. 27 所示。其中，图 3. 27(a)所示的差动式电容式传感器的极板间距离可调，传感器的中间可移动极板分别与两边固定的电容器极板形成两个电容 C_1, C_2。当可移动极板向一个方向移动距离 Δd 后，则其中一个电容器(设为 C_2)极板间隙由于可移动极板的移动而变为 $d-\Delta d$，而另一个电容器(设为 C_1)的极板间隙变为 $d+\Delta d$。由前面的分析可知，极板间隙的改变将引起电容量的差动变化。由式(3-27)可知，电容总变化量为

$$\Delta C = C_2 - C_1 = \frac{2\varepsilon S}{d^2}\Delta d \tag{3-42}$$

该型差动式电容传感器的灵敏度为

$$\alpha = \frac{\Delta C}{\Delta d} = \frac{2\varepsilon S}{d^2} \tag{3-43}$$

对比于式(3-30)可以发现，差动形式的电容传感器的灵敏度是原来的 2 倍。此外，差动式电容传感器也相应地改变了测量的线性度。需要说明的是，式(3-42)和式(3-43)的前提是极板间隙的该变量 Δd 远小于原极板间隙 d。

图 3. 27(b)是改变极板间有效工作面积的差动式电容式传感器原理图。该型传感器利用极板有效工作面积的差动变化而实现电容量的差动变化。

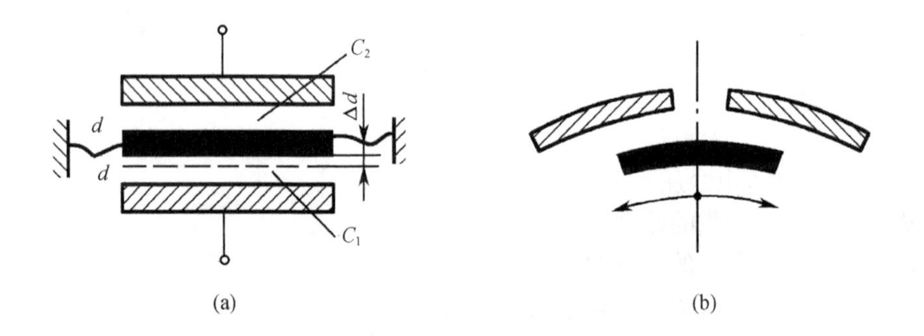

图 3. 27 差动式电容式传感器原理图

图 3. 28 是上述差动式电容式传感器的输出特性曲线。可见，制成差动式后，不仅非线性大大降低了，而且灵敏度也比前者提高了一倍，同时还能减小静电引力和有效地改善由于温度等环境影响所造成的误差。

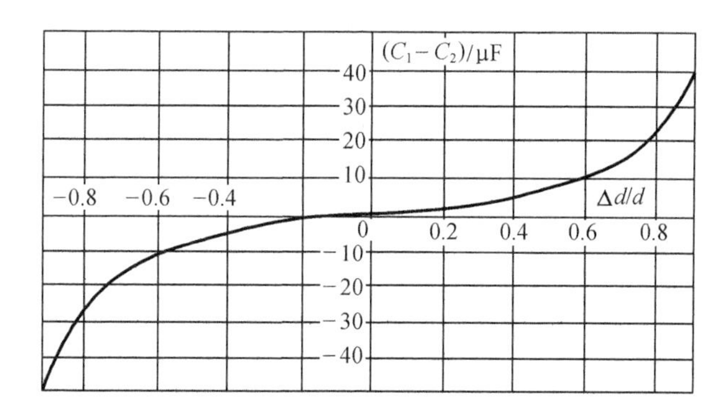

图 3.28　差动式电容式传感器的输出特性曲线

3.5.5　电容式传感器测量电路

电容式传感器的测量电路,通常采用交流桥式电路、调频电路和调谐电路等。

1. 交流电桥式电路

交流电桥由于工作状态的不同,又可以分为不平衡交流电桥和平衡交流电桥两种。

不平衡交流电桥的工作原理与不平衡直流电桥基本相同,不同的只是交流电桥采用交流桥压(其频率为数百赫兹至数千赫兹),而且桥臂除电阻外,还包括电容和电感等参数。因此其阻抗应以复数形式表示。当电容器采用不平衡电桥后,由于其输出阻抗很高而输出电压又很小,因此难以直接测量。使用时,需将电桥输出电压接入高输入阻抗的放大器之后,才可以测量。

不平衡交流电桥的特点是结构简单,为了改善输出电压受电源波动的影响,需采用稳频、稳幅和固定波形的低阻抗信号源作为桥压,再经放大及相敏检波后得到输出电压。

交通自动平衡电桥可以避免电源波动的影响,其工作原理与直流平衡电桥相同,只是在平衡条件上要同时满足幅值和相位平衡的要求,即

$$\begin{cases} Z_1 \cdot Z_4 = Z_2 \cdot Z_3 \\ \phi_1 + \phi_4 = \phi_2 + \phi_3 \end{cases} \tag{3-42}$$

式中　Z_1,Z_2,Z_3,Z_4——各桥臂的幅值(复数阻抗的模);

$\phi_1,\phi_2,\phi_3,\phi_4$——各桥臂电压与电流间的相位角。

可见,交流电桥与直流电桥的平衡条件有很大差异,直流电桥只有一个平衡条件,即 $R_1R_4=R_2R_3$,因而调节任一支路都可以达到平衡;而交流电桥则要求满足式(3-44)中的两

个平衡条件,即幅值和相位分别相等。任意不同性质(感性和容性)的四个阻抗组成的电桥,不一定能够调节到平衡状态,只有按照上式将不同性质的阻抗进行适当的配合,并在平衡过程中同时对阻抗数值和相角进行调节才能达到平衡。

2. 调频电路

在电容式传感器的测量电路中,目前广泛地采用调频电路,由于电容式传感器在电路中是振荡器的一部分,所以当外界输入的非电量使电容量发生变化时,就会使振荡器的频率发生相应的变化。此频率变化经过鉴频器和滤波器后就可变换为与频率成一定函数关系的直流电压,再经放大器放大之后就可用指示器指示或由记录器记录下来。

调频电路的优点是抗干扰能力强,特性稳定,并能获得高电平的输出信号。图 3. 29 为调频式电容测量系统框图。

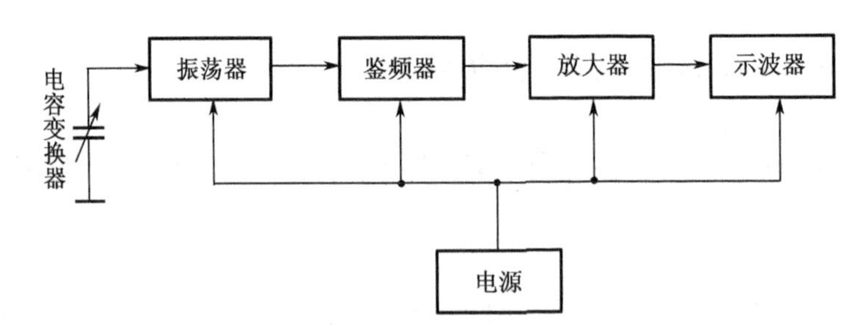

图 3. 29 调频式电容测量系统框图

3. 谐振电路

图 3. 30(a)为谐振电路的原理图。电容式传感器 C_T 作为谐振回路调谐电容的一部分,通过电感耦合从振荡器中获得振荡电压。当 C_T 置于中间位置时,调整电容 C_0 使回路工作在谐振频率附近,即工作在输出电压接近于谐振电压一半的线性段位置上,此点较谐振回路峰值点稳定并具有较高的灵敏度和较好的线性。当谐振回路中电容式传感器 C_T 的电容量变化时,谐振回路的阻抗产生相应的变化,经过整流和放大后,指示器上的指示值就代表了输入量的变化。

谐振回路的特点是有较高的灵敏度,缺点是工作点不易选好,变化范围窄,并且为减小杂散电容对测量电路的影响,要求传感器和谐振电路尽可能的靠在一起。同时,为保证一定的测量精度,要求振荡器采取稳频措施。

在测定内燃机针阀升程时,常采用上述的变极板间距型电容式传感器,其中一个电极是与壳体连接的定片,另一个电极是随着针阀运动的动片。由于柴油机工作时针阀的上下跳动，就引起了电容式传感器两极板间距的变化，产生电容量 C_T 的相应变化（图3.30(c)），从而导致图3.30(a)中谐振回路阻抗的变化（图3.30(b)），所以在次级回路中的高频电流就被针阀升程所调制，其调制电压为 u_x（图3.30(d)）。将此载频为 ω 的调幅波形进行解调和放大，就得到图3.30(e)所表征的针阀升程运动的图形。以上就是谐振式电容针阀升程测定仪的基本工作原理。

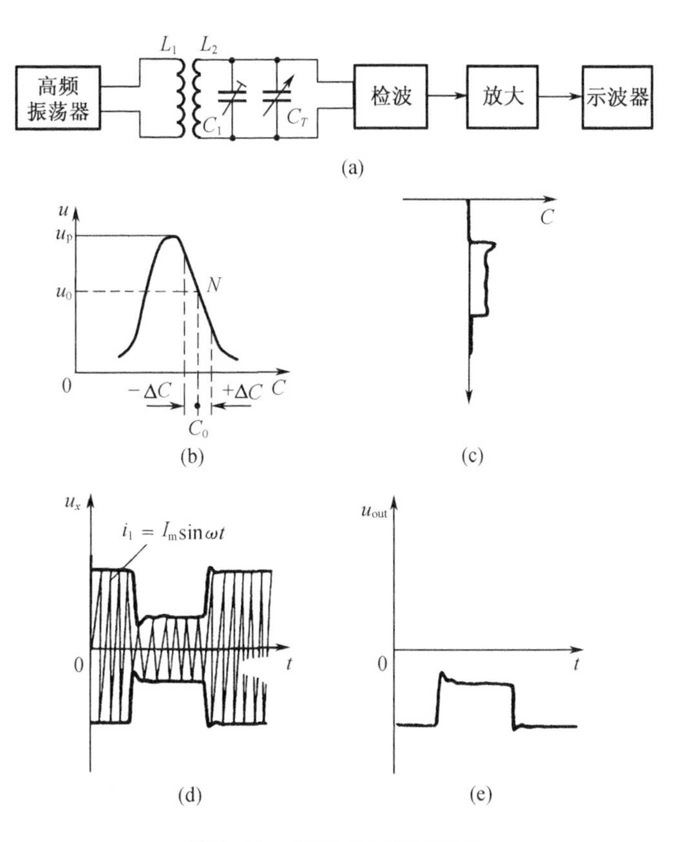

图3.30 谐振式电路原理图

(a)谐振电路原理图；(b)谐振回路阻抗变化；(c)电容量变化；
(d)调制电压随时间变化规律；(e)针阀升程运动图形

下篇
基于虚拟仪器的测试实验项目

第 4 章　温度测量实验

4.1　实验目的及器材

4.1.1　实验目的

1. 学会使用 ELVIS 的仪器万用表（DMM）和示波器（scope）；

2. 了解热电偶和 AD590 集成温度传感器的工作原理、技术参数以及使用注意事项；

3. 了解热电偶传感器处理电路的工作原理，学会使用集成运算放大电路和无源滤波电路对热电偶测量信号进行放大和滤波处理；

4. 了解热电偶温度传感器的 $R-T$ 特性。

4.1.2　实验器材

1. ELVIS 实验平台；

2. LECT－1302 传感器套件实验板；

3. 热电偶 K，AD590；

4. 万用表表棒；

5. 恒温热源。

4.2　实 验 原 理

4.2.1　温度测量基本原理

温度是表征物体冷热程度的物理量。温度的概念可以从微观和宏观两个方面解释。从微观的角度讲，温度是物体内部分子运动激烈程度的表现，也是表示物质分子运动平均动能大小的指标。温度的宏观概念是从系统热平衡的角度出发的，处于热平衡状态时系统中的各个物质具有某种共同的宏观性质，这种决定系统热平衡的宏观性质被称为温度。本书所涉及的温度概念，都是指温度的宏观概念。

从温度的宏观定义可以看出,温度是建立在热平衡基础之上的一个抽象物理量,其测量方式与其他物理量(如长度、质量)的测量有着很大的区别,需要通过检测某些物体随温度而变化的特定性质(如几何尺寸、电动势、辐射强度)而间接反映被测物体的温度。这一表述也就是各种温度传感器的测温原理。在热能与动力工程中,温度的测量与控制对于分析系统热力过程、研究污染物生成规律、保障设备的可靠运行具有十分重要的意义。目前,常用的温度测量方法有如下几种。

(1)利用物体的体积随温度热胀冷缩变化特性而进行的温度测量方法

这类温度传感器测量精度较高,且价格便宜,应用普遍。

(2)利用导体或半导体的电阻值随温度变化的特性而进行的温度测量方法

这类温度计被称为热电阻,测量温度相对较低。在动力系统中,热电阻多用于测量进气、冷却、润滑等系统的工作温度。

(3)利用导体或半导体材料的热电效应而进行的温度测量方法

这类传感器被称为热电偶,其测量范围广,并有较高的精度。除此之外,热电偶可制作小尺寸传感器(薄膜热电偶),热惯性较小,适用于快速动态测量、点温测量及表面温度测量。在动力系统中,可用于缸内温度场测量。

(4)利用物体热辐射强度随温度变化特性而进行的温度测量方法

如光学高温计、光电高温计、比色高温计等。

4.2.2 热电偶

热电偶利用物体的热电效应(又称赛贝克效应)实现对温度的测量。两种不同的导体 A,B 构成闭合回路,若两连接点温度 T_A 和 T_B 不同,则会在回路中产生一定大小的热电势 $E_{AB}(T_A,T_B)$。该热电势 $E_{AB}(T_A,T_B)$ 由接触电势和温差电势两部分组成。

1. 接触电势

金属或合金导体由于材料不同,其内部的电子密度也不相同。当不同材料导体相接触时,就会发生自由电子扩散现象,如图 4.1 所示。

由于电子的得失,导体 A 与导体 B 之间将形成电位差。在电位差的作用下,导体 A,B 的接触端会产生静电场,使得电子形成与自由扩散相反方向的移动。在一定条件下(接触温度 T 一定),由 A 扩散到 B 的电子数目与在静电场作用下由 B 转移到 A 的电子数目相等,这时将达到动平衡,电位差将不再变化,该电位差即为接触电势。接触电势大小可用下式表示,即

$$E_{AB}(T)=\frac{kT}{e}\ln\frac{N_{AT}}{N_{BT}} \tag{4-1}$$

式中　e——元电荷，$e=1.602\times10^{-19}$ C；

k——玻尔兹曼常数，$k=(1.380\ 658\pm0.000\ 012)\times10^{-23}$ J/K；

T——接触端温度；

N_{AT}，N_{BT}——导体 A 和导体 B 在温度 T 下的电子密度。

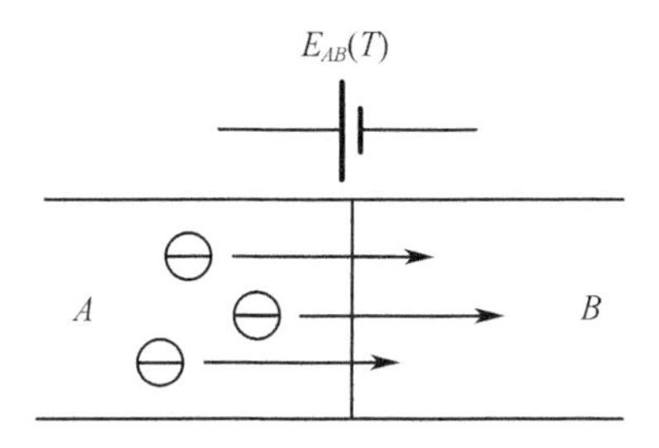

图 4.1　接触电势产生原理

2. 温差电势

温差电势是由于同一金属或合金导体两端温度不同而在导体内部产生的另一种热电势。温度较高的一端电子具有较大的能量，在导体内部将向低能区扩散，形成电位差，如图 4.2 所示。在一定条件下（导体材料一定），当扩散达到动平衡（电位差与静电场作用）时，电位差将不再变化，该电位差即为接触电势。接触电势大小可表示为

$$E_A(T,T_0)=\frac{k}{e}\int_{T_0}^{T}\frac{1}{N_A}\mathrm{d}(N_A t) \tag{4-2}$$

其中，t 表示温度参数。

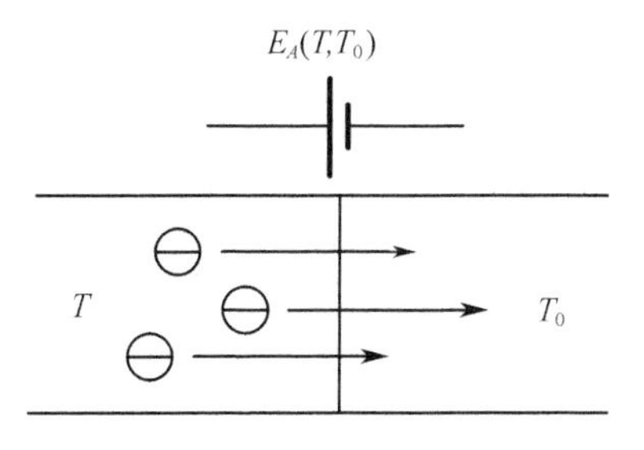

图 4.2　温差电势产生原理

由式(4－2)可知，温差电势的大小与导体材料性质和其两端的温度差有关。温差越大，温差电势也越大。当两端温度相同时，即 $T = T_0$ 时，温差电势为零。

若两种不同导体 A，B 组成闭合回路，如图 4.3 所示，当接触点两端存在温度差时，在回路中将产生四个串联的热电势，且热电偶回路总电势为四个热电势的代数和，即

$$E_{AB}(T,T_0) = E_{AB}(T) + E_B(T,T_0) - E_{AB}(T_0) - E_A(T,T_0) \tag{4-3}$$

将式(4－1)和式(4－2)带入上式，可得

$$E_{AB}(T,T_0) = \frac{k}{e}\int_{T_0}^{T}\ln\frac{N_A}{N_B}\mathrm{d}t \tag{4-4}$$

其中，N_A，N_B 均为温度的函数。

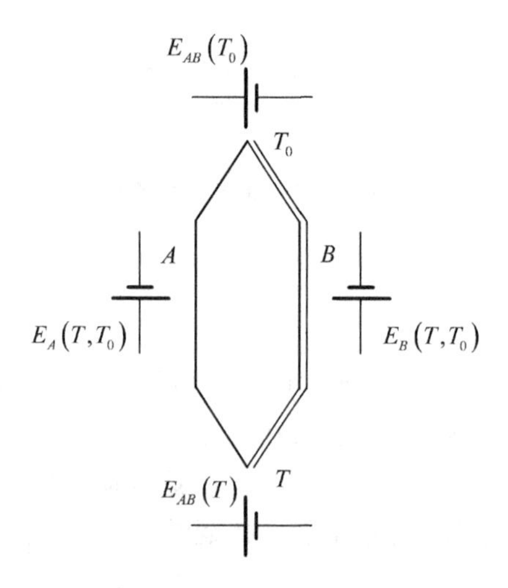

图 4.3 热电偶回路电势分布

若 N_A，N_B 与温度的函数关系已知，则式(4－4)通过积分运算可得

$$E_{AB}(T,T_0) = f(T) - f(T_0) \tag{4-5}$$

由此可知，当热电偶材料一定时，热电势的大小仅与其两端的温度有关。当一端温度固定后，$f(T_0)$ 即为常数，进而建立起 $E_{AB}(T,T_0)$ 与 T 的单值对应函数。工程上将热电势与温度的这种对应关系制作成表格以供查阅，称为热电偶分度表。由于冷端温度 T_0 的不同，分度表中数值也是不同的，通常取 T_0 为 0 ℃。此时 K 型热电偶分度表如表 4.1 所示。

表 4.1　K 型热电偶分度表　单位:μV

	0 ℃	10 ℃	20 ℃	30 ℃	40 ℃	50 ℃	60 ℃	70 ℃	80 ℃	90 ℃
0 ℃	0	397	798	1 203	1 611	2 022	2 436	2 850	3 266	3 681
100 ℃	4 095	4 508	4 919	5 327	5 733	6 137	6 539	6 939	7 338	7 737
200 ℃	8 137	8 537	8 938	9 341	9 745	10 151	10 560	10 969	11 381	11 793
300 ℃	12 207	12 623	13 039	13 456	13 874	14 292	14 712	15 132	15 552	15 974
400 ℃	16 395	16 818	17 241	17 664	18 088	18 513	18 938	19 363	19 788	20 214
500 ℃	20 640	21 066	21 493	21 919	22 346	22 772	23 198	23 624	24 050	24 476
600 ℃	24 902	25 327	25 751	26 176	26 599	27 022	27 445	27 867	28 288	28 709
700 ℃	29 128	29 547	29 965	30 383	30 799	31 214	31 629	32 042	32 455	32 866
800 ℃	33 277	33 686	34 095	34 502	34 909	35 314	35 718	36 121	36 524	36 925
900 ℃	37 325	37 724	38 122	38 519	38 915	39 310	39 703	40 096	40 488	40 879
1 000 ℃	41 269	41 657	42 045	42 432	42 817	43 202	43 585	43 968	44 349	44 729
1 100 ℃	45 108	45 486	45 863	46 238	46 612	46 985	47 356	47 726	48 095	48 462
1 200 ℃	48 828	49 192	49 555	49 916	50 276	50 633	50 990	51 344	51 697	52 049
1 300 ℃	52 398	53 093	53 093	53 439	53 782	54 125	54 466	54 807		

由于热电偶产生的信号十分微弱,因此需要通过信号调理电路将输出信号进行电压放大,以使信号被示波器及其他二次仪表所接受。对热电偶输出电压放大的同时,蕴含在信号中的环境噪声同样被放大,甚至会湮没有用信号,因此需要对输出信号进行去噪声处理。一般结合两种方案来从噪声中提取信号。第一种方案使用差分输入放大器(如仪表放大器)来放大信号。因为大多数噪声同时出现在两根线上(共模),所以用差分测量可将其消除。第二种方案是低通滤波,消除带外噪声。低通滤波器应同时消除可能引起放大器整流的射频干扰(1 MHz 以上)和 50 Hz/60 Hz(电源)的工频干扰。

目前,热电偶的应用十分广泛,在 -200 ~ 2 500 ℃的温度范围,已经成为常用的工业温度测量标准方法。在常用的热电偶类型中,镍铬 - 镍硅热电偶(K 型热电偶),是属于金属热电偶,具有线性度好、热电动势较大、灵敏度高、稳定性好、高温下抗氧化能力较强等优点,是目前使用比较广泛的热电偶。

4.2.3 AD590

集成温度传感器实质上是一种半导体集成电路,它利用晶体管的基极和发射极之间压降的不饱和值 V_{BE}、热力学温度 T、通过发射极电流 I 关联关系实现对温度的检测,即

$$V_{BE}=\frac{kIT}{e}\ln I \tag{4-6}$$

其中 k——玻耳兹曼常数;

e——无电荷。

集成温度传感器的输出形式分为电压输出和电流输出两种。电压输出型的灵敏度一般为 10 mV/K,温度 0 ℃时输出为 0 V,温度 25 ℃时输出 2.982 V。电流输出型的灵敏度一般为 1 μA/K。

AD590 是美国 ANALOG DEVICES 公司利用 PN 结正向电流与温度间的对应关系制成的单片集成两端感温电流源,供电电压为 5 ~ 30 V。该传感器温度每升高 1 K,输出电流增加 1 μA,即

$$\frac{I_r}{T}=1 \tag{4-7}$$

式中 I_r——流过器件(AD590)的电流,μA;

T——器件热力学温度,K。

AD590 的其他主要特性如下:

(1)AD590 的测温范围为 -55 ~ +150 ℃;

(2)AD590 的电源电压范围为 4 ~ 30 V,可以承受 44 V 正向电压和 20 V 反向电压,通常情况下器件即使反接也不会被损坏;

(3)输出电阻为 710 mΩ;

(4)精度高,AD590 在 -55 ~ +150 ℃范围内,非线性误差仅为 ±0.3 ℃。

在本实验中,采用 AD590 测量冷端温度(环境温度),通过查阅热电偶分度表获得冷端温度对应的热电动势值。根据所测得的热电动势 $E_{AB}(T,T_0)$ 和查到的 $E_{AB}(T_0,0)$ 两者之和,再去查热电偶分度表,即可得到所测量的实际温度。

4.3 实验内容和步骤

4.3.1 用AD590测环境温度

(1)使用万用表(DMM)测量T1203和T1202之间的电阻值,测量电阻时T1203接万用表正极(红色),T1202接负极(黑色),调节RP1201,直到电阻值为10 kΩ。调整好后关闭万用表(DMM)界面,保持接线不动,进行下一步操作。

[注意] 测量时无须打开原型板电源开关。

(2)按照图4.4所示原理图将AD590安装到U1201位置。P1201连接+15 V电源,P1201左正右负,左接+15 V,右接GND。其他接线不变。

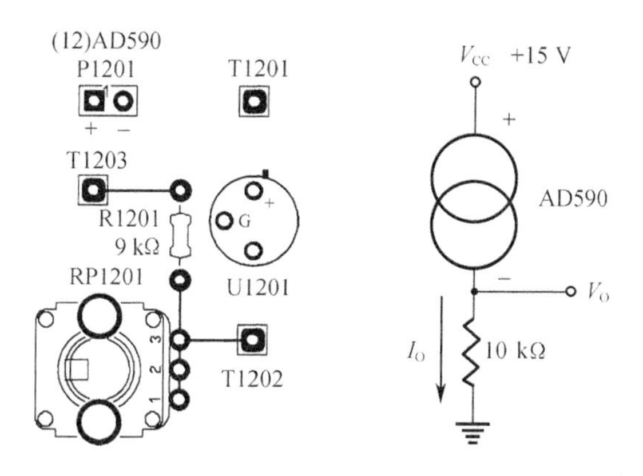

图4.4 AD590接线柱及电路原理图

[注意] AD590元件上的“突起”与U1201位置圆圈符号上的“突起”相对应。

(3)打开ELVIS的原型板电源开关。在nextpad软面板中选在AD590,点击“开始”按钮,测量当前温度。记录当前的室温,作为热电偶实验中的温度补偿的冷端温度值。

(4)若需要保存波形数据,点击“保存”按钮。选择相应的保存路径。

(5)实验结束后,关闭原型板电源,去除相应连线。

(6)实验过程中主要测试结果的参考图如图4.5和图4.6所示。

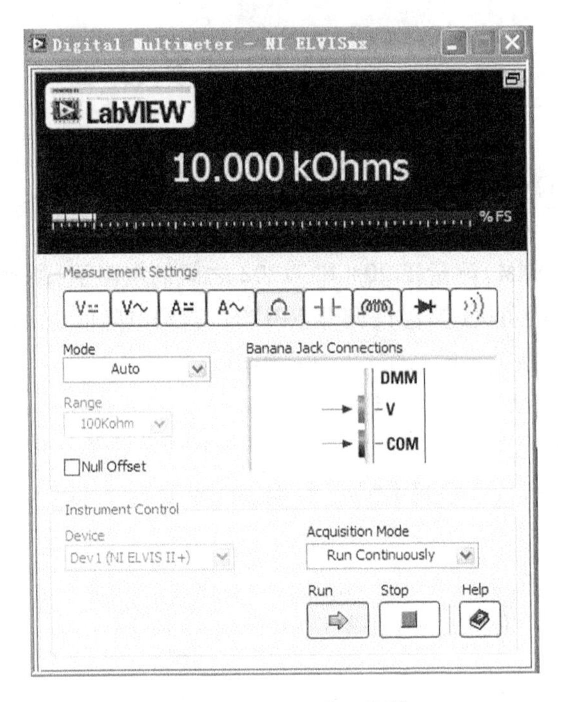

图 4.5　AD590 电阻调整

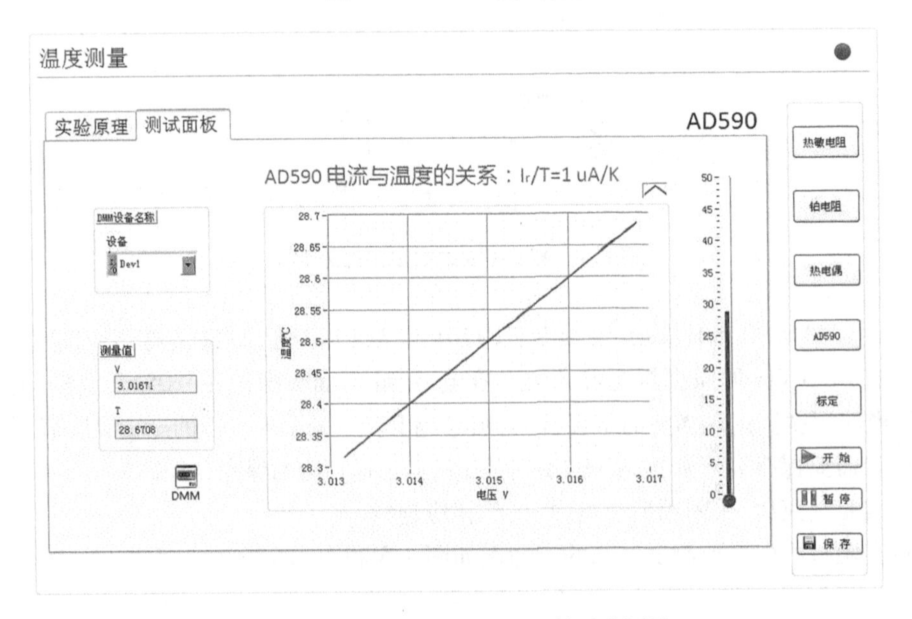

图 4.6　AD590 特性曲线及环境温度测量

4.3.2　热电偶测温度

1. 连接端口

将热电偶连接至 U1001 端口,上正下负。

2. 差动放大器调零

将放大器的输入端口 J1601 的正负两个端口和实验电路板上的地(GND)连接,P1601 从左到右分别接实验电路板右上角的 +15 V/GND/ -15 V。打开原型板电源开关,使用万用表(V)观察输出端口 J1602,调整 RP1602,直到电压值接近 0 V。关闭原型板电源开关。

3. 差动放大器放大倍数调整

将 J1601 的"+"端接 AO0,"-"端接 GND。P1601 分别接 +15 V/GND/ -15 V。

将 J1602 正负两端连接 AI0 +/AI0 -,注意正负端口一一对应。打开示波器软面板,channel0 的 source 设置为 AI0。

使用 AO 产生 10 mA 直流电压:双击桌面"Measurement & Automation"图标,依次点击选择:设备和接口 - >NI ELVIS"Dev1"(若有"Dev2""Dev3"等多个选项,选择图标中绿色亮起的设备),在右侧选择测试面板,在面板中选择"模拟输出",输出值改为"10 m",点击刷新。

运行示波器。调整 RP1601(调整前应先将放大倍数调至最小,即先将 RP1601 逆时针旋转到底,然后再调整),直到示波器显示的输出信号为 500 mV,此时放大器的放大倍数为 50 倍。实验过程中也可以根据实验操作情况自行设置成其他的放大倍数:

放大倍数 = 输出电压/输入电压。

4. 信号放大

将热电偶的输出端口 T1001 与 J1601 + 连接,T1002 与 J1601 - 连接。

5. 低通滤波

将放大后的信号连接至低通滤波器,即将 J1602 与 J901 相连接,正负端口一一对应。低通滤波器的电阻和电容分别为 10 kΩ,1 μF(通过短接 S903 实现)。滤波后的信号和 AI 通道相连接,即将 J902 正负两端与 AI0 +/AI0 - 连接。使用 scope 软面板来观察热电偶电压变化。注意软面板 channel0 的 source 选为 AI0。

6. 冷端补偿

使用另一种温度传感器来测量冷结合点的温度(可使用 AD590 所测得的室温),查分度表将该温度转换为对应的电压值 $E(t_0,0)$,如室温 25℃ 对应分度表读数为 1 mV。分度表中,每个温度阶梯内的温度和电压值可视为线性关系。使用该数值对热电偶电压读数 $E(t,t_0)$ 进行补偿。可获得 $E(t,0)$,通过查看分度表,获得当前所测的温度值。

7. 打开 nextpad 软面板的“温度测量”,选择“热电偶”

将热电偶测量端放在热源上(实验前准备好的电加热热水袋),观察示波器面板下方的 RMS 电压数值变化。在 nextpad“测试面板”中依次填写冷端补偿温度值、冷端补偿温度所对应的电压数值 $E(t_0,0)$(查热电偶分度表)、热电偶测得当前温度差所对应的电压差 $E(t,t_0)$。系统自动计算得到 $E(t,0)$,对照分度表,换算 $E(t,0)$ 所对应的“待测温度”并填写在“测试面板”上。上述各个量关系如下:

$$E(t,0)=E(t,t_0)+E(t_0,0) \tag{4-8}$$

式中 $E(t,0)$——修正后的电压,V;

$E(t,t_0)$——温差电压(热电偶测量,示波器读取),V;

$E(t_0,0)$——冷端补偿电压(用 AD590 测得环境温度后查分度表),V。

8. 填写实验数据记录表格

将冷端温度 t_0,冷端温度对应的 $E(t_0,0)$、示波器测量初始值 RMS1、示波器测量值 RMS2、温度差所对应的电压差 $E(t,t_0)$ 记录到实验数据表格中。

$$E(t,t_0)=(\text{RMS2}-\text{RMS1})/\text{放大倍数}。$$

9. 其他注意事项

实验完成后,关闭原型板电源,将热电偶取下;整理使用过的元器件及连线,关闭 *ELVIS* 的两个电源开关。

实验过程主要测量结果参考详见图 4.7 ~ 图 4.10,实验数据记录表格见表 4.2。

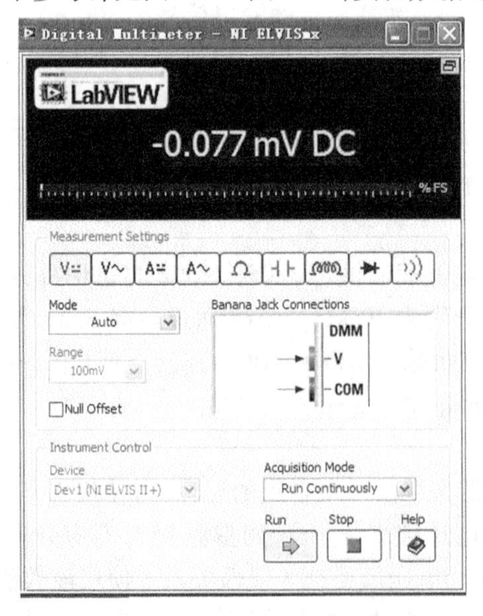

图 4.7 差动放大器放大倍数调零

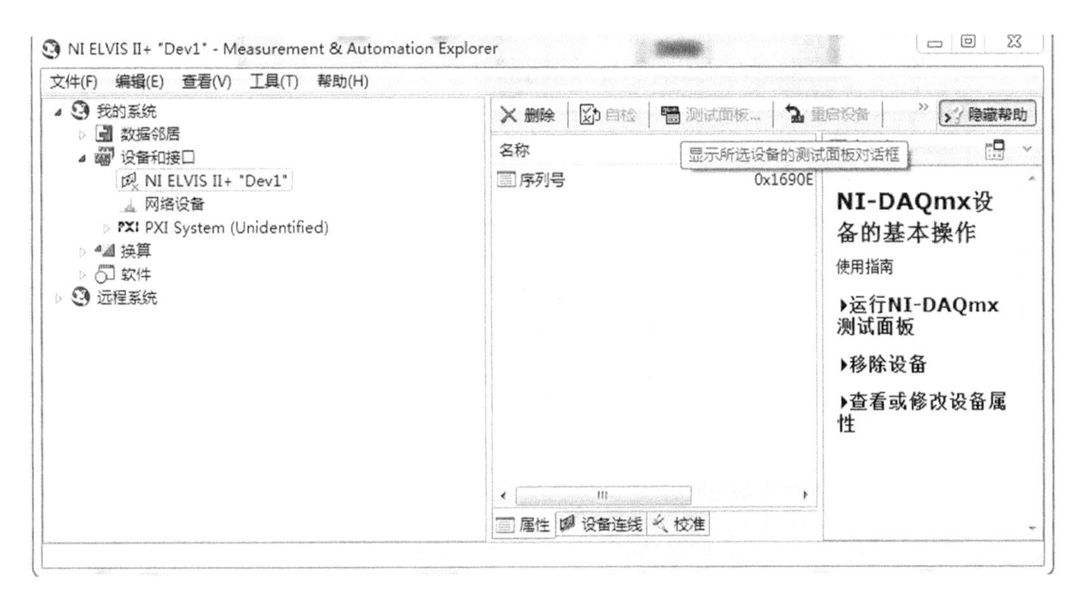

图 4.8　打开设备管理器

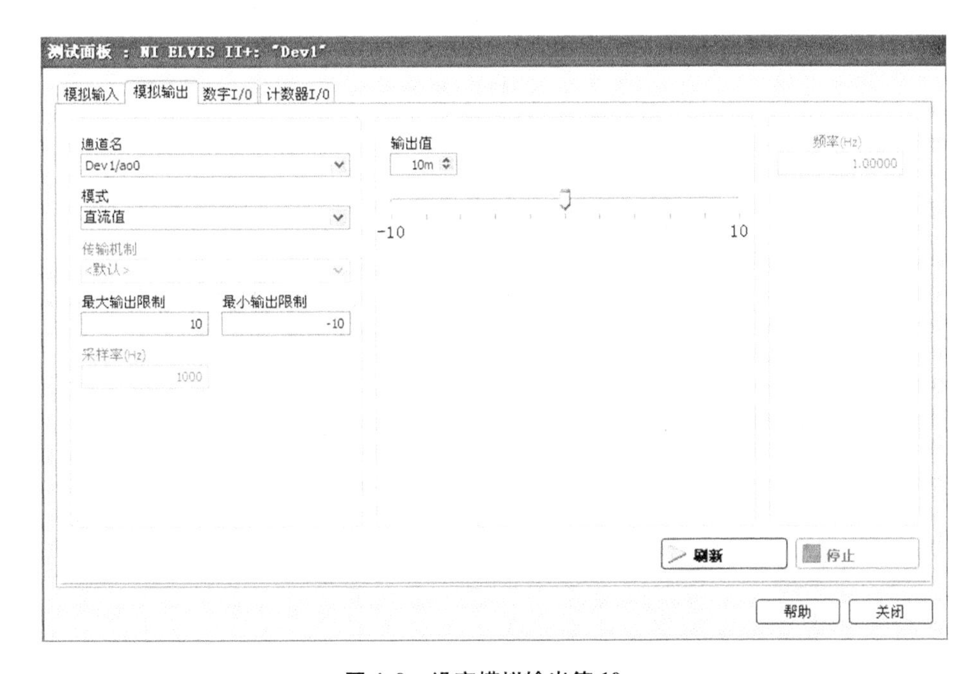

图 4.9　设定模拟输出值 10 m

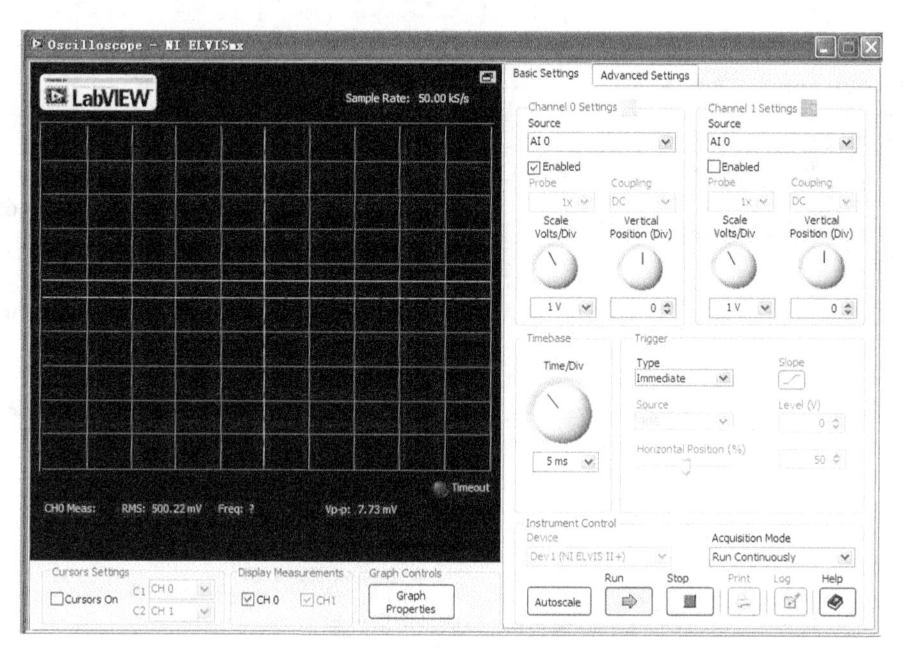

图 4.10　放大倍数调整(放大 50 倍,输出 500 mV)

表 4.2　实验数据记录表格

t_0/℃	$E(t_0,0)$/V	RMS1/V	RMS2/V	$E(t,t_0)$/V

4.4　实验中的常见问题及解答

1. 问:为什么万用表没有示数?

答:确保万用表已正确连接到对应接线端子上,避免漏接和误接。

2. 问:为什么 Launch nextpad 软件在测试时会出现闪退?

答:没有向软件配置正确的测试设备。测量前,首先应在测试面板的“设备”下拉列表中有效选择待检测设备名称。

3. 问:为什么 Launch nextpad 的"设备"下拉列表中没有"Dev1"?

答:Dev X(X 为编号)是 NI 设备驱动管理器(NI MAX)为 DAQ(Data Acquisition,数据采集)仪器配置的设备标识符,可在"Measurement & Automation"软件的"设备与接口"下拉列表中查看。其中,黄色、绿色(或蓝牙)图标分别表示对应设备当前状态为虚拟仿真和实际存在。测试时,应当为测试软件配置绿色(或蓝牙)图标对应的设备。

4. 问:我的电脑上怎么没有"Measurement & Automation"软件?

答:Measurement & Automation Explore(简称 MAX)是由美国国家仪器(NI)公司开发的设备驱动管理程序,能够实现测试软件与 NI 硬件设备的通信。2012 版后,该软件图标名称显示为"NI MAX"。

5. 问:在调整差动放大电路的放大倍数时,为什么输出电压调整不到 500 mV?

答:确保以下操作正确:

(1)原型板电源正常打开;

(2)NI MAX 的输出电压为 10 mV(注意:不是 10 V!),且模型输出页面没有关闭;

(3)调整前,已将 RP1601 旋钮逆时针旋转到底。

6. 问:利用 NI ELVISmx 软面板中的虚拟仪器查看测量结果时,系统弹出对话框提示资源占用,怎么解决?

答:这一情况说明当前存在其他的软件(如 Launch nextpad)正在使用相同的测量通道进行数据采集,此时可将其他暂不需要的测试软件关闭。

7. 问:为什么实验数据记录表中的 $E(t_0,0)$ 与室温下热电偶输出电势 RMS1 不相等?

答:$E(t_0,0)$ 是通过查分度表得到的热电偶在室温下的热电势,而 RMS1 是热电偶两端均处于室温环境下时的输出值,其值表示的是由于零点漂移等原因产生的传感器测量误差。因此 RMS1 与 $E(t_0,0)$ 所代表的物理意义不同,二者并没有直接的关系。

4.5 思考题

1. 本实验中热电偶测量过程的温度补偿是如何实现的?
2. 热电偶信号处理过程中,放大电路的放大倍数怎样设置实验效果最好?

第5章　三轴加速度测量实验

5.1　实验目的及器材

5.1.1　实验目的

1. 了解三轴加速度传感器的工作原理；
2. 学会使用加速度传感器；
3. 了解如何用 LabVIEW 编程读取传感器数据并做后期处理。

5.1.2　实验器材

1. ELVIS 实验平台；
2. LECT－1302 传感器套件实验板；
3. 三轴加速度传感器；
4. 振动电机。

5.2　实验原理

5.2.1　三轴加速度传感器

加速度传感器是将被测物体的加速度变化转换为电量或电参数变化的传感器。常用的惯性式加速度传感器是一个惯性二阶测试系统，通过质量－弹簧系统的强迫振动特性对物体的加速度进行测量。惯性加速度传感器的简化力学模型如图 5.1 所示，由惯性元件 m、弹性元件 k 和阻尼元件 c 组成。在进行加速度测量时，系统的边界与被测物体固定，利用惯性元件 m 感受被测物体的运动。此时由于阻尼等因素的存在，惯性元件 m 与被测物体的运动并不完全同步，从而产生了相对位移 X。由于该位移的大小与被测物体的加速度 a 成正比，因此模型可以用来测量物体加速度变化。

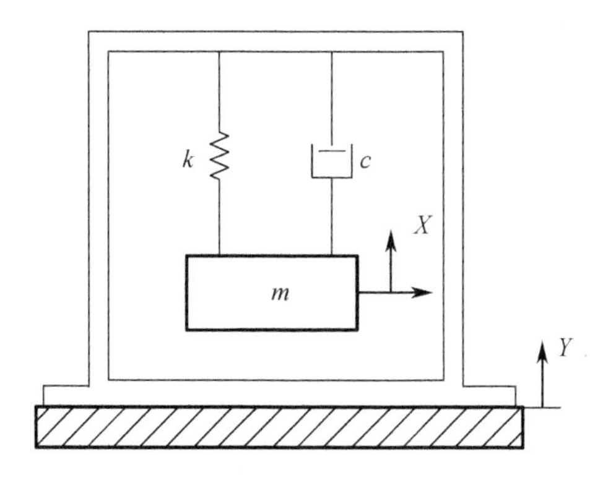

图 5.1 惯性传感器简化力学模型

下面推导相对位移 X 与被测物体的加速度 a 的定量关系。

由动力学知识可知,图 5.1 所示惯性系统的单自由度线性强迫振动的运动方程为

$$m\ddot{X}+c\dot{X}+kX=-ma \tag{5-1}$$

式(5-1)可进一步转化为

$$\ddot{X}+2\zeta\omega_n\dot{X}+\omega_n^2X=-a \tag{5-2}$$

式中 ω_n——传感器的固有频率,$\omega_n=\sqrt{\dfrac{k}{m}}$;

ζ——传感器的阻尼比,$\zeta=\dfrac{c}{2}\sqrt{mk}$。

设被测物体位移为 $Y=A\sin(\omega t)$,则其加速度 $a=-A\omega^2\sin(\omega t)$。带入式(5-2),得

$$\ddot{X}+2\zeta\omega_n\dot{X}+\omega_n^2X=A\omega^2\sin(\omega t) \tag{5-3}$$

该方程的解由两部分组成:一部分为对应齐次方程的解,表示质量-弹簧系统的自由振动,由于阻尼的存在,该部分将随时间逐渐衰减为零;另一部分为方程的特解,表征了传感器对被测物体运动的响应,这一响应为

$$X=X_m\sin(\omega t-\theta) \tag{5-4}$$

其中

$$X_m=A\frac{\left(\dfrac{\omega}{\omega_n}\right)^2}{\sqrt{\left[1-\left(\dfrac{\omega}{\omega_n}\right)^2\right]^2+\left[2\zeta\left(\dfrac{\omega}{\omega_n}\right)^2\right]^2}} \tag{5-5}$$

$$\theta = \arctan\left[\frac{2\zeta\left(\frac{\omega}{\omega_{\mathrm{n}}}\right)^2}{1-\left(\frac{\omega}{\omega_{\mathrm{n}}}\right)^2}\right] \tag{5-6}$$

通常情况下,加速度传感器的固有频率 ω_{n} 要高出被测物体振动频率 ω 至少两倍,即 $w/\omega_{\mathrm{n}} \leqslant \frac{1}{2}$,且较小的$\frac{\omega}{\omega_{\mathrm{n}}}$值有利于传感器测量精度的提高。当 ω 远小于 ω_{n} 时,$\theta \approx 0$,且 $X_{\mathrm{m}} \approx A\left(\frac{\omega}{\omega_n}\right)^2$。此时,传感器的强迫振动为

$$X = A\left(\frac{\omega}{\omega_n}\right)^2 \sin(\omega t) \tag{5-7}$$

式(5-7)即为惯性元件的相对位移 X 与被测物体的加速度 a 的定量关系。由式(5-7)可知,惯性元件 m 的相对位移 X 与加速度 $A\omega^2\sin(\omega t)$成正比,通过测量相对位移 X 即可得到被测物体的加速度信息。

根据监测相对位移 X 的方式的不同,可将惯性加速度传感器分为压电式、磁电式、应变式和电容式等几类。本实验采用的 Freescale 公司 MMA7361L 型传感器为差动式电容式传感器。若仅考虑一个方向的加速度测量,其简化模型如图 5.2 所示。初始时刻传感器两个电容器极板间的距离d_1,d_2 相等。当传感器内部的惯性元件 m 随着被测物体运动 Δd 时,惯性元件 m 与电容两极板之间的距离d_1,d_2 即发生变化。由物理学可知,此时其中一个电容器 C_1 的电容因距离d_1 的减小而增大,而另一个电容器 C_2 的电容则因间隙的增大而减小。当 $\Delta d \ll d$ 时,电容总变化量为(忽略边缘效应)

$$\Delta C = C_1 - C_2 = \frac{2\varepsilon A}{d^2}\Delta d \tag{5-8}$$

式中 A——极板的工作面积;

d——两极板的初始距离;

ε——极板间的介电常数。

由式(5-8)可知,两极板之间距离d_1,d_2 的变化将引起电容量的改变。因此,通过外围电路检测电容量的变化值计算惯性元件的相对位移 X,在此基础上,结合相对位移 X 与加速度 a 的对应关系,即可测量出运动物体的加速度大小。

以上分析了单轴式加速传感器的工作原理。三轴加速度传感器与单轴式传感器的工作原理相同,但三轴加速度传感器具有三个相互垂直的输出轴,可对空间中的任意运动进行分解,能够更为全面地反映物体的运动信息。本实验套件中提供的是三轴小量程加速度传感器,可以用来检测物件运动的方向以及加速度。其可根据物件运动的方向和加速度改变输出信号。传感器输出信号形式为三个电压信号。各轴在不运动或不受重力作用时(0 g)输出电压为 1.65 V。如果沿某个方向运动或受重力作用,传感器会根据其运动方向

以及设定的灵敏度改变其输出电压。测量中可使用实验台的三个模拟输入通道(AI 通道)来采集三个轴的电压数值。此时,通过进一步数值处理即可获得当前物件的位置和加速度(g 一般取 9.8 N/kg)。

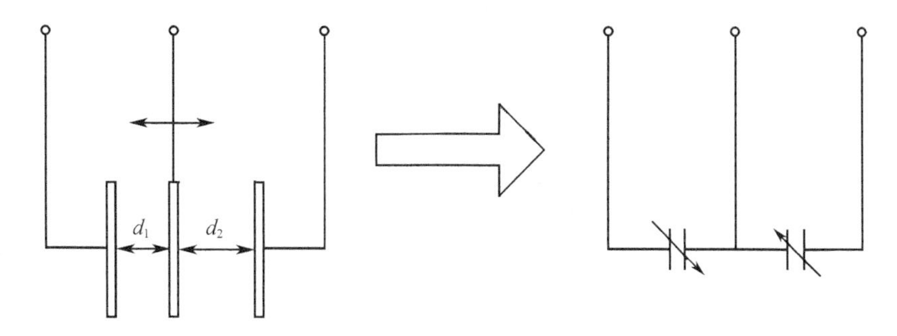

图 5.2 MMA7361L 型传感器简化物理模型

图 5.3 物件外形图

物件上有 12 个引脚,定义如下:

Pin 1:3.3 V 电压源;

Pin 2:5 V 电压源;

Pin 3:GND,即地端;

Pin 4:X_{OUT},X 轴方向的电压输出端;

Pin 5:Y_{OUT},Y 轴方向的电压输出端;

Pin 6:Z_{OUT},Z 轴方向的电压输出端;

Pin 7:Sleep,芯片休眠控制(0 - 休眠,1 - 工作);

Pin 8,10,12:NC 悬空管脚;

Pin 9:0g-detect,用来选择传感器灵敏度;

Pin 11:Self-test,芯片自我测试与初始化。

其中,3.3 V 和 5 V 电压源只需要用其一即可。提供 5 V 的选项是为了方便无法使用 3.3 V 的场合。

图 5.4 是加速度传感器芯片的 pin 脚示意图。物件上使用的传感器是 Freescale 公司的 MMA7361L 型号芯片,其灵敏度的选择是通过 0g-detect 端口做选择(表 5.1),实验中可以将该引脚悬空,那么使用的就是在 1.5 g 的 g - Range 状态下的灵敏度:800 mV/g。

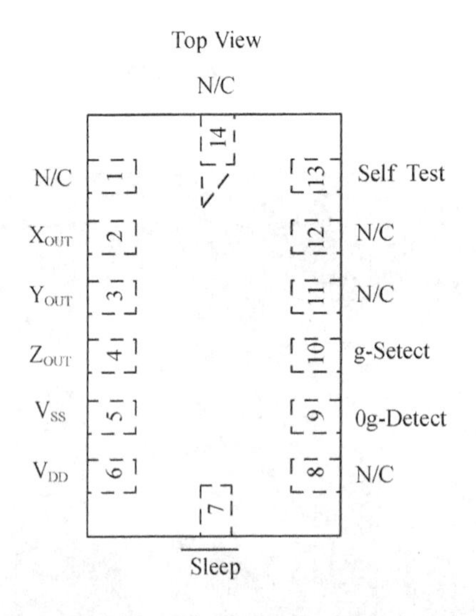

图 5.4 加速度传感器芯片引脚

表 5.1 端口 0g_detect pin 对应的传感器参数

端口选择	最大量程/g	灵敏度/(mV/g)
0	1.5	800
1	6	206

当物件正面朝上平放时,三个轴的输出电压为

$$X_{OUT}@0g = 1.65\ \text{V}$$

$$Y_{OUT}@0g = 1.65\ V$$

$$Z_{OUT}@+1g = 1.65\ V + 0.8V = 2.45\ V$$

当物件正面朝下平放,三个轴的输出电压为

$$X_{OUT}@0g = 1.65\ V$$

$$Y_{OUT}@0g = 1.65\ V$$

$$Z_{OUT}@-1g = 1.65\ V - 0.8\ V = 0.85\ V$$

可根据图 5.5,一一对应各个位置静放时所对应的三轴电压数值。

按照图 5.6 所示位置,分别编号为位置 1 ~ 6。记录各轴输出,填写表 5.2,记录传感器位置与各轴的输出电压。

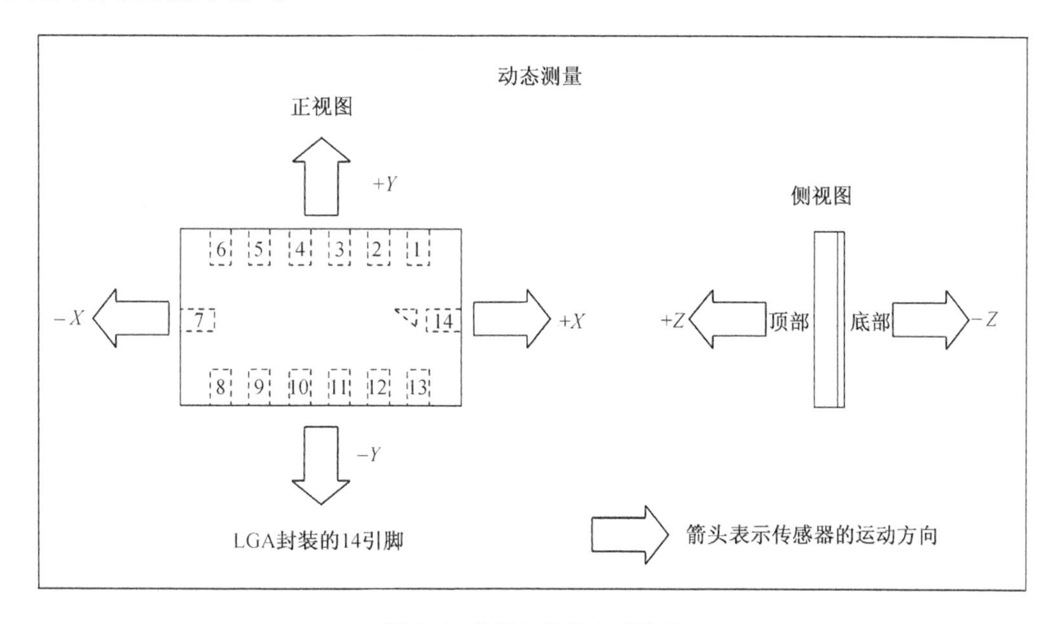

图 5.5　位置与输出电压关系

表 5.2　传感器位置与电压　　单位:V

	1	2	3	4	5	6
U_X						
U_Y						
U_Z						

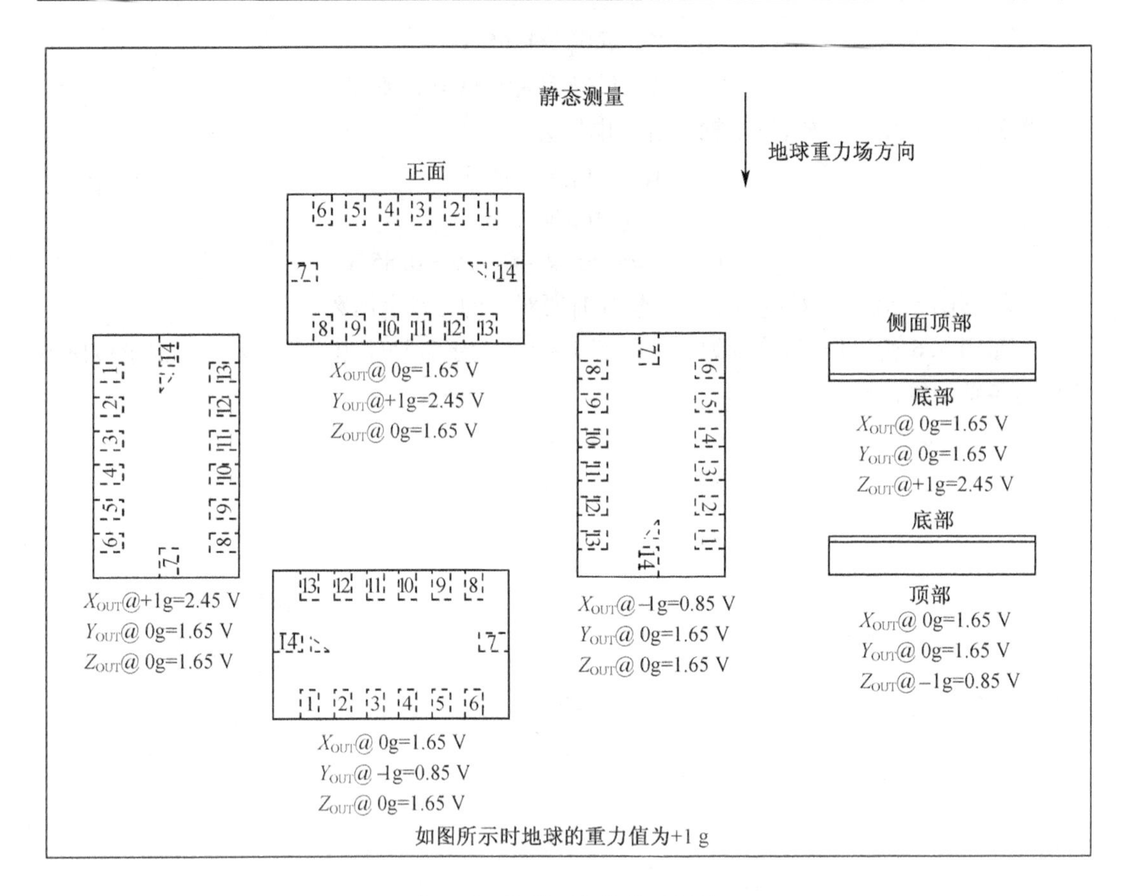

图 5.6 位置与输出电压关系

5.2.2 振动电机(以下内容为选做实验)

振动电机是动力源与振动源结合为一体的激振源,振动电机是在转子轴两端各安装一组可调偏心块,利用轴及偏心块高速旋转产生的离心力得到激振力。振动电机每端出轴均有一个固定偏心块和一个可调偏心块,调节可调偏心块和固定偏心块之间的夹角可改变激振力的大小。

振动机械设备利用振动电机作为简单可靠而有效的动力。振动电机在振动体上按照不同的安装组合形式,可产生不同的振动轨迹,从而有效完成各种作业。

1. 圆或椭圆振动

振动体的振动轨迹在水平面上的投影是一条直线，而在垂直面上的投影为一圆或椭圆者，其振动形式称为圆或椭圆形振动。通常将一台振动电机安装在振动机械机体上即可产生。

2. 直线振动

振动体的振动轨迹在水平面及垂直面上的投影都是直线者，其振动形式称为直线形振动。将两台相同型号的振动电机安装在振动机械机体上，使两个转轴处于互相平行的位置，运行时电机转向相反，则两台电机运转必然同步，机体产生直线形振动。

振动电机的激振力利用率高、能耗小、噪音低、寿命长。

振动电机只需调节两端外侧的偏心块，与内侧偏心块形成一定的夹角，可以连续调整激振力的大小。

激振力

$$F_m = \frac{G}{g} \cdot r \cdot \omega^2 \tag{5-9}$$

式中　G——偏心块质量；

g——重力加速度；

r——偏心块质心与回转轴的距离；

ω——电机旋转角频率；

振幅

$$S = \frac{1.8}{\left(\frac{N}{100}\right)^2} \times \frac{F_m}{G} \tag{5-10}$$

式中　F_m——激振力，N；

G——参振质量；

N——转速；

S——双振幅，mm。

5.3 实验内容和步骤

5.3.1 三轴加速度传感器

(1)按照加速度传感器的引脚定义连线。物件的 Pin 2 连接 +5 V,Pin 3 连接地 GND,Pin 4 连接 AI0 +,Pin 5 连接 AI1 +,Pin 6 连接 AI2 +,AI GND 连接原型板的 GND。物件上的其他管脚都悬空。

(2)打开 ELVIS 和原型板的开关。打开 nextpad,选择“加速度传感器”。

(3)在测试面板中,设置物理通道:Dev1/ai0:2(注意这里的设定值中的“:”号,表示采集三个通道的数据),采样率、最大值、最小值可以使用默认值。

(4)点击运行按钮,可切换“波形数据”“3D 矢量”“彗星轨迹”三种形式,观察三轴加速度传感器三个方向的数据。

(5)转换物件的上下左右前后的位置,可在“3D 矢量”中观察箭头变化的方向。

(6)按照图 5.6 所示的位置,将传感器输出端的电压值记录到数据表中,分析传感器位置与电压关系。

(7)实验结束后,暂停程序,关闭原型板电源。

5.3.2 振动电机(可选)

(1)使用的振动电机,操作电压为 0 ~ 3 V。将电机的两个引脚分别和 VPS + 及 GND 相连接。

(2)将振动电机和物件绑定,打开 VPS 的软面板,运行 VPS,控制电压在 0 ~ 3 V 内变化。

(3)打开 nextpad,选择“加速度传感器”,在测试面板中,观察加速度传感器采集的数据。

5.3.3 主要测量过程参考图

主要测量过和参考图如图 5.7 ~ 图 5.10 所示。

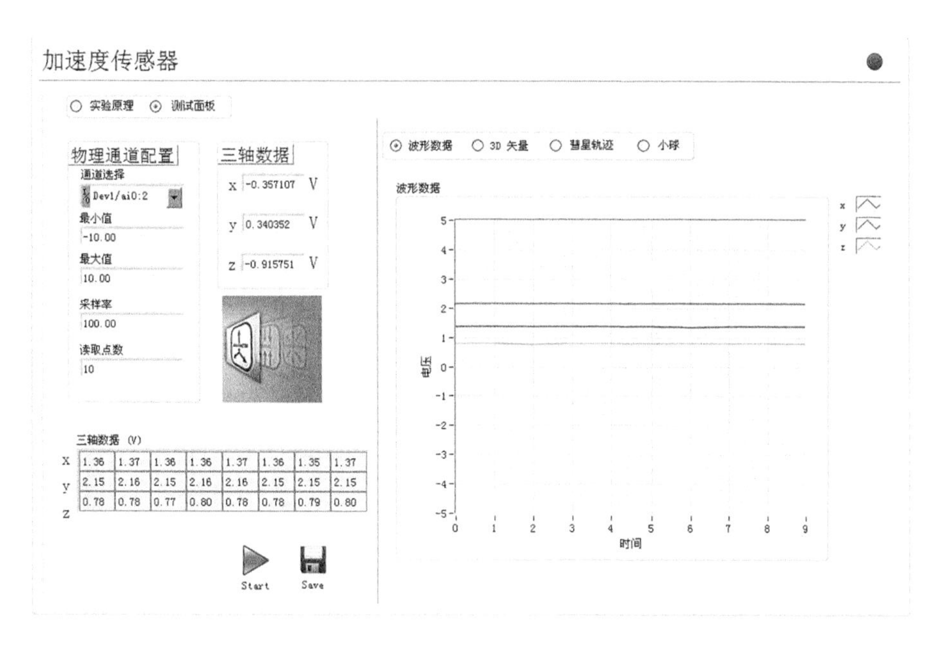

图5.7　波形数据图

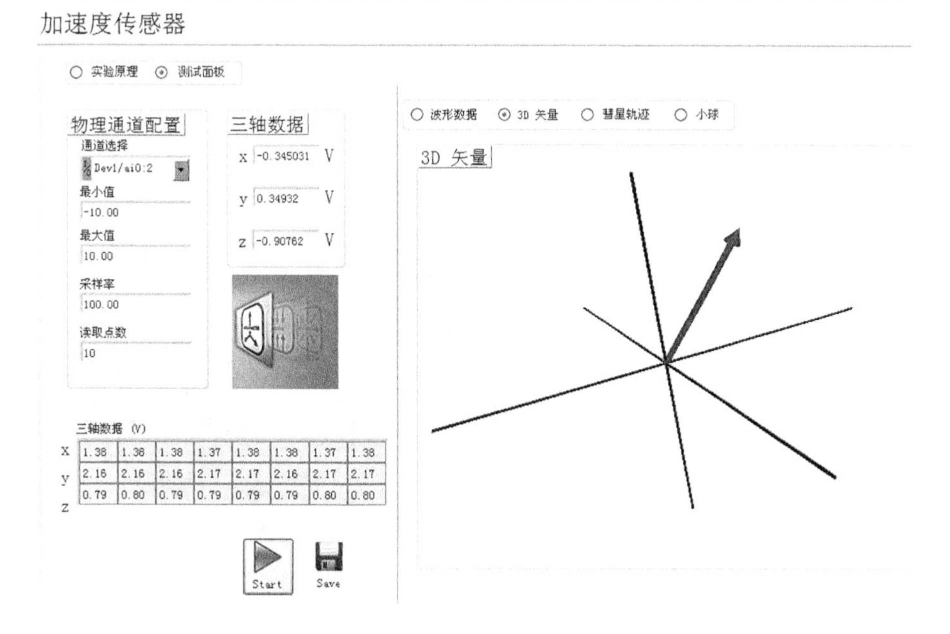

图5.8　3D矢量图

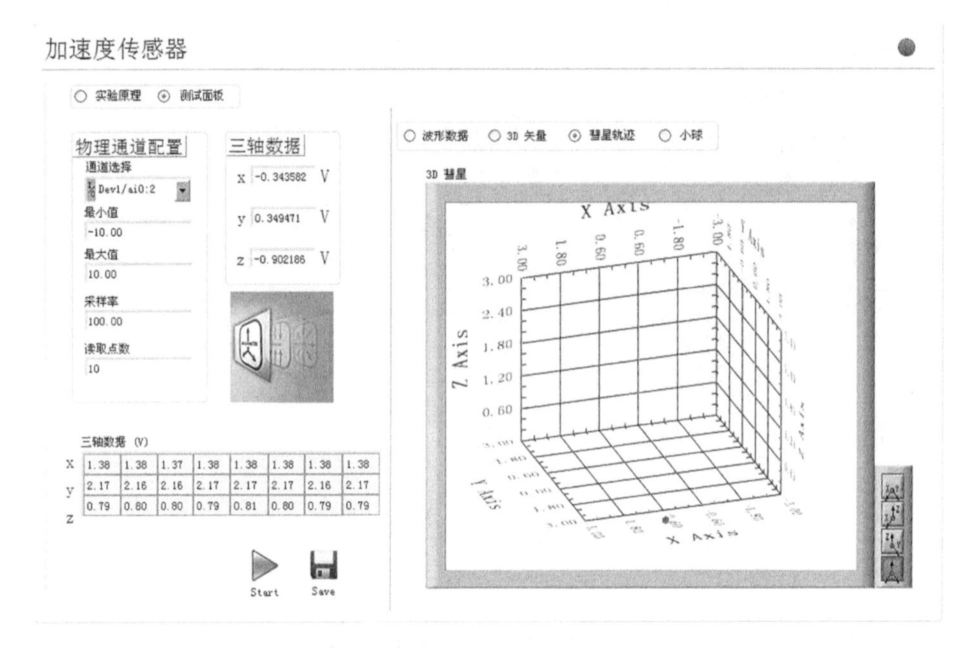

图 5.9 彗星轨迹图

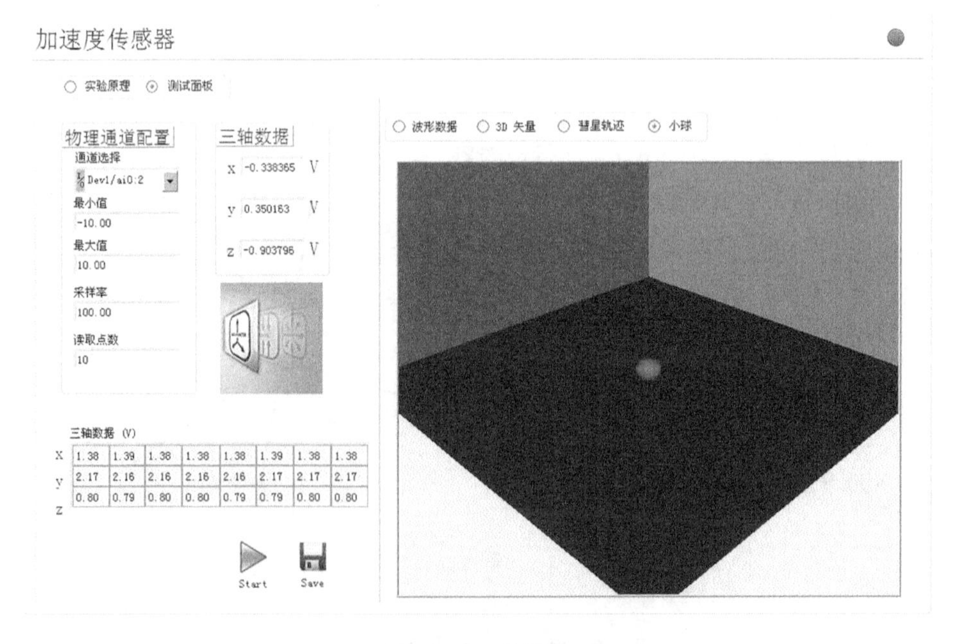

图 5.10 小球图

5.3.4　实验数据记录

(1)将记录到数据填入表5.2,分析传感器位置与电压关系。

表5.2　传感器位置与电压　单位:V

	1	2	3	4	5	6
U_X						
U_Y						
U_Z						

(2)将得到的波形数据、3D矢量、彗星轨迹、小球等图形保存好,打印在一张纸上附到实验报告中。

5.4　实验中的常见问题及解答

1. 问:为什么三轴加速度计只输出一路数据?

答:本实验需要采集三轴加速度计在 X 轴、Y 轴、Z 轴三个方向上的电压信号,因此应当对应配置三个物理通道。可依次点击“通道选择” > >“浏览”,然后按住 Ctrl 键,同时选择 ai0,ai1,ai2 三个测量通道。

2. 问:为什么在 Launch nextpad 中同时选中了 ai0:2 三个通道后,仍没有正常输出?

答:检查加速度传感器的管脚接线,确保原型板上实际使用的信号采集通道与 Launch nextpad 选择的测试通道一致(本书中给出的通道为 ai0:2)。

3. 问:为什么加速度计有8组输出电压,而数据记录表中只需6组数据?

答:本实验需要记录传感器在6个不同位置下的输出电压,因此实验时应当将传感器转换6个不同位置,分别记录其在每个位置下的输出值。同时,在同一位置下,加速度计输出8组测量值,应将其取平均后作为该位置的最终输出结果。

5.5 思 考 题

对采集到的加速度传感器的三组电压数值做后期的分析。

1. 分析各个轴的加速度值。
2. 描绘当前物件所摆放的方向示意,思考如何来实现这些功能。

第6章　应变片电桥电路实验

6.1　实验目的及器材

6.1.1　实验目的

1. 了解金属箔式应变片的应变效应,以及单臂、半桥、全桥的工作原理和性能;
2. 分析全桥、半桥和单臂电桥的特点;
3. 比较单臂、半桥、全桥输出时的灵敏度和非线性度。

6.1.2　实验器材

1. ELVIS 实验平台;
2. LECT－1302 传感器套件实验板;
3. 应变片和双孔悬臂梁;
4. 桥路调理电路;
5. 砝码套件。

6.2　实验原理

6.2.1　电阻应变效应

导电材料的电阻应变效应是这类应变式传感器工作的基本原理。电阻应变效应是指导体或半导体材料在外力的作用下产生机械变形时,材料的电阻值随之发生相应的变化。设有一段长为 L,横截面积为 A,电阻率为 ρ 的导电材料,其初始电阻值 R 为

$$R=\rho\frac{L}{A} \tag{6-1}$$

如图 6.1 所示,当导电材料在外力 F 的作用下产生轴向形变(拉伸或压缩)时,其长度和横截面积将随之发生改变。对式(6－1)取对数后再微分,得

$$\frac{\mathrm{d}R}{R}=\frac{\mathrm{d}L}{L}-\frac{\mathrm{d}A}{A}+\frac{\mathrm{d}\rho}{\rho} \tag{6-2}$$

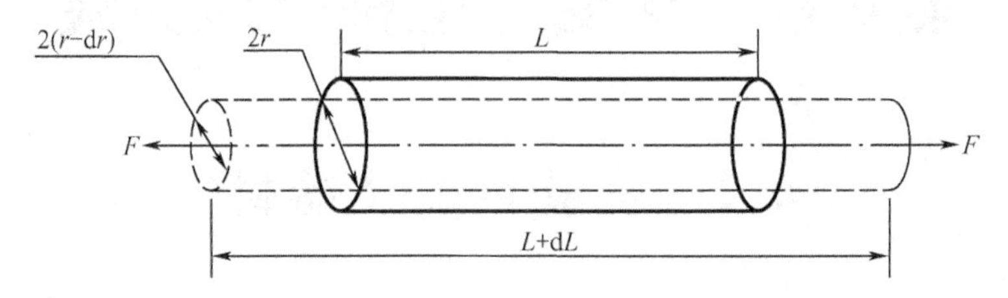

图 6.1　导体受拉后尺寸变化

设导电材料的横截面为半径为 r 的圆。根据泊松效应可知，圆形物体的纵向应变（轴向变形）与横向应变（径向变形）存在如下关系，即

$$\frac{\mathrm{d}A}{A}=2\,\frac{\mathrm{d}r}{r}=-2\mu\varepsilon \tag{6-3}$$

式中　μ——导电材料的泊松比；

ε——纵向应变，$\varepsilon=\frac{\mathrm{d}L}{L}$。

对于矩形截面的导电材料，可以证得式（6－3）同样成立。

进一步，由式（6－3）和式（6－2）可得受到轴向外力作用的导电材料，其阻值变化规律为

$$\frac{\mathrm{d}R}{R}=(1+2\mu)\varepsilon+\frac{\mathrm{d}\rho}{\rho} \tag{6-4}$$

即

$$\frac{\frac{\mathrm{d}R}{R}}{\varepsilon}=(1+2\mu)+\frac{\frac{\mathrm{d}\rho}{\rho}}{\varepsilon} \tag{6-5}$$

由式（6－5）可以看出，导电材料的阻值变化是几何尺寸（长度 L、横截面积 A）与电阻率变化$\frac{\mathrm{d}\rho}{\rho}$的综合作用结果。而电阻率的变化$\frac{\mathrm{d}\rho}{\rho}$又与导电材料的自身性质有关。本实验中为简化问题的复杂性，在此仅讨论金属材料电阻率变化的受力效应。

对于金属材料，电阻率的变化是由于材料的变形引起的自由电子的活动能力和数量的改变所致，其变化大小与体积变化率$\frac{\mathrm{d}V}{V}$成正比，即

$$\frac{\mathrm{d}\rho}{\rho}=c\,\frac{\mathrm{d}V}{V}=c\left(\frac{\mathrm{d}A}{A}+\frac{\mathrm{d}L}{L}\right)=c(1-2\mu)\varepsilon \tag{6-6}$$

其中，c 为比例常数。

将式(6 - 6)带入式(6 - 4)可得

$$\frac{\mathrm{d}R}{R}=[(1+2\mu)+c(1-2\mu)]\varepsilon \tag{6-7}$$

令

$$K=(1+2\mu)+c(1-2\mu)$$

K 称为灵敏系数。由于在给定金属材料的弹性范围内，泊松比 μ 与比例常数 c 均为定值，因此灵敏系数 K 也是一个常量。则式(6 - 7)可写为

$$\frac{\mathrm{d}R}{R}=K\varepsilon \tag{6-8}$$

由式(6 - 8)可知，金属材料的电阻率变化率 $\frac{\mathrm{d}R}{R}$ 与应变 ε 呈线性关系。进一步，由式(6 - 5)导体电阻变化规律可以推知，导体的阻值变化与电阻率变化量存在确定的对应关系。综合上述分析可知，通过检测导体的阻值变化即可实现对构件表面应力的测量。

6.2.2　箔式应变片

应变片是最常用的测力元件，其基本工作原理是基于导电材料的电阻应变效应。其功能实现方式可描述为：将电阻应变片固定在被测构件的表面，当构件在外载荷作用下产生变形时，应变片几何尺寸随之发生改变。根据导电材料的电阻应变效应，应变片的电阻值也将产生相应的变化，根据电阻率变化率与所受应变的线性关系，即可得到被测构件的表面应力。

如图 6.2 所示，应变片主要由敏感栅、基底、覆盖层、引线组成。在基底与覆盖层之间涂有胶黏剂，起到传递应变及限制应变片灵敏系数的作用。

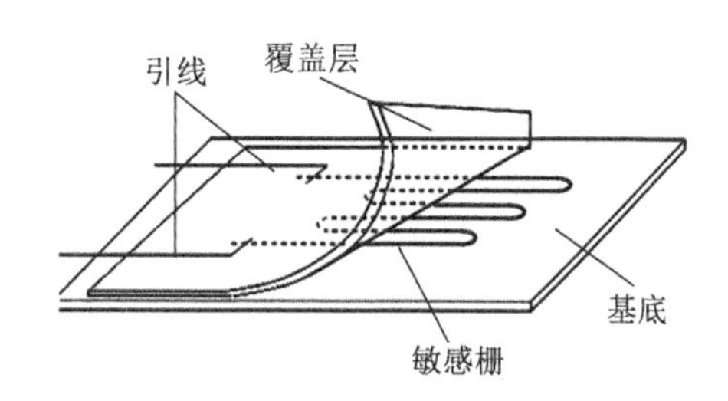

图 6.2　应变片典型结构图

敏感栅是应变片的核心元件，能够感受被测构件的形变，并输出对应的阻值变化。箔式应变片的敏感栅由非常薄的金属箔制成，厚度为 0.003 ~ 0.005 m。由于采用了光刻技术，箔式应变片的敏感栅可以按需求制成任意形状，其尺寸也容易控制。目前常用的金属敏感栅材料主要有康铜（铜镍合金）、镍铬合金、镍钼合金、铁基合金、铂基合金、钯基合金等，应用最多的是康铜和镍铬合金。与丝式应变片相比，箔式应变片减小了导体材料的横向效应（当应变片轴向拉伸时，导体横向缩短导致电阻附加减小），具有较高的测量精度和灵敏度。目前箔式应变片已逐渐取代丝式应变片，广泛应用于

工程领域。

基底主要用以保持敏感栅的几何形状和相对位置，并通过胶黏剂的作用向敏感栅传递构件的表面应力。覆盖层对敏感栅起到保护和固定作用。引线用来连接敏感栅和外部测量导线，一般采用镀银、镀镍或镀合金的细铜丝。

6.2.3 直流电桥电路

根据应变式传感器的工作原理可知，电阻应变片能够将被测构件的应变转换为自身电阻的变化。为了检测这种电阻的微小变化，需要将应变片接入某种测量电路，该电路能够输出与应变片电阻变化成比例的信号。应变电桥是最为常用的应变片测量电路，该电路以应变片作为电桥的组成部分，能够将应变片电阻值的微小变化转换为输出电压的变化，具有较高的灵敏度和可靠性。

直流电桥电路的基本结构如图 6.3 所示。其中，应变片 R_1, R_2, R_3, R_4 分别组成电桥的四个桥臂，a, c 端为电桥的输入端，接入直流电源 E 作为电桥的激励电源，b, d 端为电桥的输出端，接入放大器或指示仪表。由于放大器或指示仪表的输入阻抗很大，因而可以近似地认为电桥输出为开路。

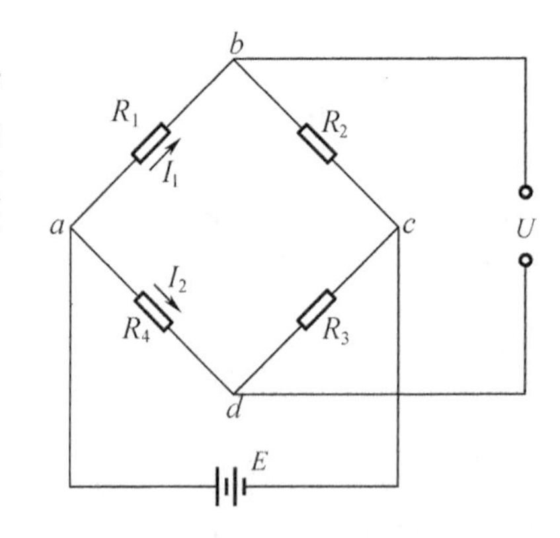

图 6.3 直流电桥电路的基本结构

由电路分析可知

$$I_1 = \frac{E}{R_1 + R_2} \tag{6-9}$$

$$I_2 = \frac{E}{R_3 + R_4} \tag{6-10}$$

因此，接点 a, c 之间与 b, d 之间的电压分别为

$$U_{ac} = I_1 R_1 = \frac{R_1}{R_1 + R_2} E \tag{6-11}$$

$$U_{bd} = I_2 R_4 = \frac{R_4}{R_3 + R_4} E \tag{6-12}$$

由此不难得出电桥的输出电压 U，即

$$\begin{aligned} U &= U_{ac} - U_{bd} \\ &= \frac{R_1 R_3 - R_2 R_4}{(R_1 + R_2)(R_3 + R_4)} E \end{aligned} \tag{6-13}$$

由式(6-13)可以看出，电桥电路的输出电压 U 仅与应变片的电阻值有关。当应变片所产生的应变相同时，电桥达到平衡状态，即

$$R_1R_3 = R_2R_4 \tag{6-14}$$

由式(6－13)可知电桥电路输出电压为零。而当任意一个或数个应变片的应变发生变化时,电桥的平衡即受到破坏,电桥将输出对应的电压值。

本实验套件中使用的是标准的悬臂梁,其一侧固定在实验板上,另一侧悬空。悬臂梁上贴有四个特性相同($R_1 = R_3 = R_2 = R_4 = R_0$)的应变片,如图 6.4 所示。弹性体的结构决定了 R_1 和 R_3,R_2 和 R_4 的受力方向是分别相同的,且本实验中阻值变化的绝对值相同,即有 $|\Delta R_1| = |\Delta R_2| = |\Delta R_3| = |\Delta R_4| = \Delta R_0$,因此将它们串连就可以形成直流电桥。

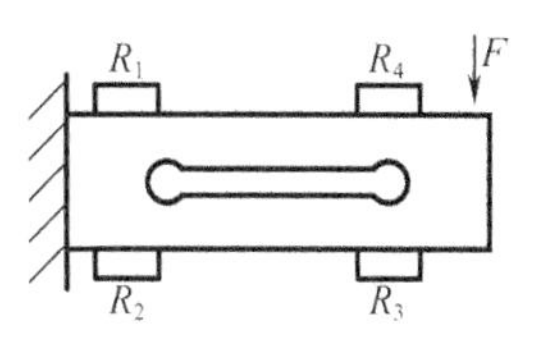

图 6.4　悬臂梁示意图

若将四个应变片均接入电路构成全桥电路,则电桥四个桥臂的阻值均随被测构件发生变化,即:$R_1 \pm \Delta R_0$,$R_2 \mp \Delta R_0$,$R_3 \pm \Delta R_0$,$R_4 \mp \Delta R_0$。此时,由式(6－13)可知输出为

$$U = \frac{\Delta R_0}{R_0}E = EK\varepsilon \tag{6-15}$$

式中　K——应变片灵敏度系数;

ε——应变片产生的纵向应变。

若将两个相邻的应变片均接入电路构成半桥电路,则两个应变片一个收拉,另一个受压,其电阻将产生相反的变化,假设接入电路的应变片为 R_1,R_4,则阻值变化为 $R_1 \pm \Delta R_0$,$R_4 \mp \Delta R_0$。由式(6－13)可知输出为

$$U = \frac{\Delta R_0}{2R_0}E = \frac{1}{2}EK\varepsilon \tag{6-16}$$

若在工作中仅有一个应变片接入电路,此时电路称为单臂电桥。设接入电路的应变片为 R_1,则输出电压为

$$U = \frac{\Delta R_0}{4R_0}E = \frac{1}{4}EK\varepsilon \tag{6-17}$$

电桥灵敏度 S 的定义式为

$$S = \frac{\Delta U}{\frac{\Delta R}{R}} \tag{6-18}$$

其中,$\frac{\Delta R}{R}$为电桥电路的实际电阻变化率。于是对应于单臂、半桥和全桥的电压灵敏度分别为$\frac{E}{4}$,$\frac{E}{2}$和 E。由此可知,当激励电压 E 和电阻相对变化$\frac{\Delta R}{R}$一定时,电桥电路的灵敏度 S 与各桥臂阻值的大小无关,且单臂、半桥、全桥电路的灵敏度依次增大。

电桥电路在应变片的测量中还有许多其他的应用,例如温度补偿。当构件的测试环境温度变化时,由于应变片敏感栅的电阻温度效应以及应变片与构件的膨胀率不同,常常导致应变片的电阻发生变化,产生虚假读数。为了得到真实的构件应变,必须在测量中消除这种因素的影响。通常的做法是用一片与工作应变片特性相同的应变片(称之为温度补偿片)粘贴在与构件材料、温度环境相同,但不受力的补偿块上,并将工作片与温度补偿片分别接在电桥的相邻桥臂。此时,桥路输出电压为两片应变片由于阻值不同而导致的电势差。由于应变片所处温度环境相同,因此两片应变片输出阻值的差异来自于所产生应变的不同。由此可以看出,电桥电路能够有效的消除温度对测量的影响。此外,合理地安排桥路,还可以有效提高电桥输出精度,获得精确的测量结果。

6.3 实验内容和步骤

6.3.1 全桥方式

(1)信号连接,悬臂梁上已经贴好4片应变片。将桥路中原本的电阻全部设为断路,形变相同的应变片连接在对臂上。如图6.4所示,R_1 和 R_3,R_2 和 R_4 的受力方向是相同的。故 R_1 和 R_3 在桥路对角线上,R_2 和 R_4 在桥路的对角线。连接电路时,将颜色相同的接线相邻连接。上侧左边的应变片分别连接T1501和T1502,下侧左边的应变片连接T1503和T1504,上侧右边的应变片连接T1507和T1508,下侧右边应变片连接T1505和T1506。

[注意] 上侧线路接好后电线颜色从左向右依次为白、黑、黑、黄;下侧为白、红、红、黄。

(2)桥路左侧的P1501上正下负,接+5 V和GND。

(3)桥路中间为输出端口J1501,2正1负,分别连接AI0+/AI0-。

(4)打开ELVIS的工作台和原型板电源,打开scope软面板,使用scope软面板来观察应变片桥路的电压变化数值。软面板channel0的source设置为AI0。运行后,可点击autoscale按钮,自动调节 X/Y 轴的分度。

(5)在悬臂梁无形变时,调节RP1501,直至输出信号+5 mV。

[注意] 电压应为正值,否则会出现砝码增加电压下降的情况,可以打开光标使能"cursors on"来观察电压正负值。

添加不同质量的砝码置于悬梁臂上,读取不同质量对应的电压数值并减去+5 mV,在nextpad的全桥实验面板中记录砝码质量及对应的电压值。如表6.1所示填写好数据后,点击软面板的刷新按钮,查看特性曲线及灵敏度数值。该步骤结束后关闭原型板电源。

表6.1　全桥电压数据记录表格

	10 g	20 g	40 g	50 g	70 g	100 g	200 g	300 g
全桥/mV								

6.3.2　半桥方式

(1)信号连接,使用悬梁臂上左和下右这一对应变片。另外两对无须连入桥路。上侧左边的应变片分别连接T1501和T1502,下侧右边应变片连接T1505和T1506。图6.3中的*ab*和*cd*间连接的是应变片。

将桥路中的左上臂和右下臂的电阻开关设为断路。左下臂右上臂的电阻设为通路,即S1502和S1504设为通。

［注意］　使用哪个应变片,哪个支路设为断路,同时应注意不要将多余的应变片连入电路!

桥路中间为输出端口J1501,2正1负,分别连接AI0+/AI0-。

P1501上正下负,接接+5 V电源和GND。

(2)打开ELVIS原型板电源,打开scope软面板,使用scope软面板来观察应变片桥路的电压变化数值。软面板channel0的source设置为AI0。运行后,可点击autoscale按钮进行调节。

(3)在悬臂梁无形变时,调节RP1501,直至输出信号5 mV。添加不同质量的砝码置于悬梁臂上,读取不同质量对应的电压数值并减去5 mv,在nextpad的半桥实验面板中记录砝码质量及对应的电压值。如表6.2所示,填写好数据后,点击软面板的刷新按钮,查看特性曲线及灵敏度数值。该步骤结束后关闭原型板电源。

表6.2　半桥电压数据记录表格

	5 g	10 g	20 g	50 g	70 g	100 g	200 g	300 g
半桥/mV								

6.3.3　单臂方式

(1)信号连接,使用悬梁臂左上侧的应变片。将桥路中的左上臂的电阻设为断路,左下臂右上臂右下臂的电阻设为通路。将上侧的一个应变片连入电路的左上臂。即上侧左边的应变片连接 T1501 和 T1502。

[注意] 使用哪个应变片,哪个支路设为断路,同时应注意不要将多余的应变片连入电路!

桥路中间为输出端口 J1501,2 正 1 负,分别连接 AI0 +/AI0 -。

P1501 上正下负,接 +5 V 和 GND。

(2)打开 ELVIS 原型板电源,打开 scope 软面板,使用 scope 软面板来观察应变片桥路的电压变化数值。软面板 channel0 的 source 设置为 AI0。运行后,可点击 autoscale 按钮进行调节。

(3)在悬臂梁无形变时,调节 RP1501,直至输出信号 5 mV。添加不同质量的砝码置于悬梁臂上,读取不同质量对应的电压数值并减去 5 mV,在 nextpad 的半桥实验面板中记录砝码质量及对应的电压值。如表 6.3 所示,填写好数据后,点击软面板的刷新按钮,查看特性曲线及灵敏度数值。该步骤结束后关闭工作台及原型板电源。

表 6.3 单臂电桥电压数据记录表格

	5 g	10 g	20 g	50 g	70 g	100 g	200 g	300 g
单臂/mV								

6.3.4 主要参考图形

主要参考图形如图 6.5 ~ 图 6.9 所示。

6.3.5 数据记录表格

数据记录表格如表 6.4 所示。

表 6.4 电桥电压数据记录表格 单位:mV

砝码/g	10	20	40	50	70	100	200	300
全桥								
砝码/g	5	10	20	50	70	100	200	300
半桥								
砝码/g	5	10	20	50	70	100	200	300
单臂								

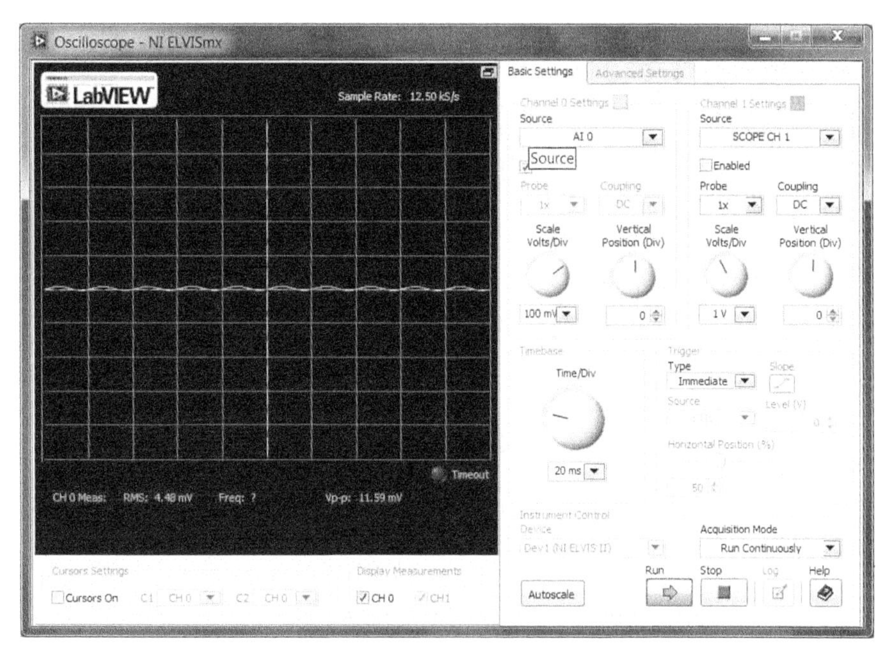

图 6.5　无砝码状态

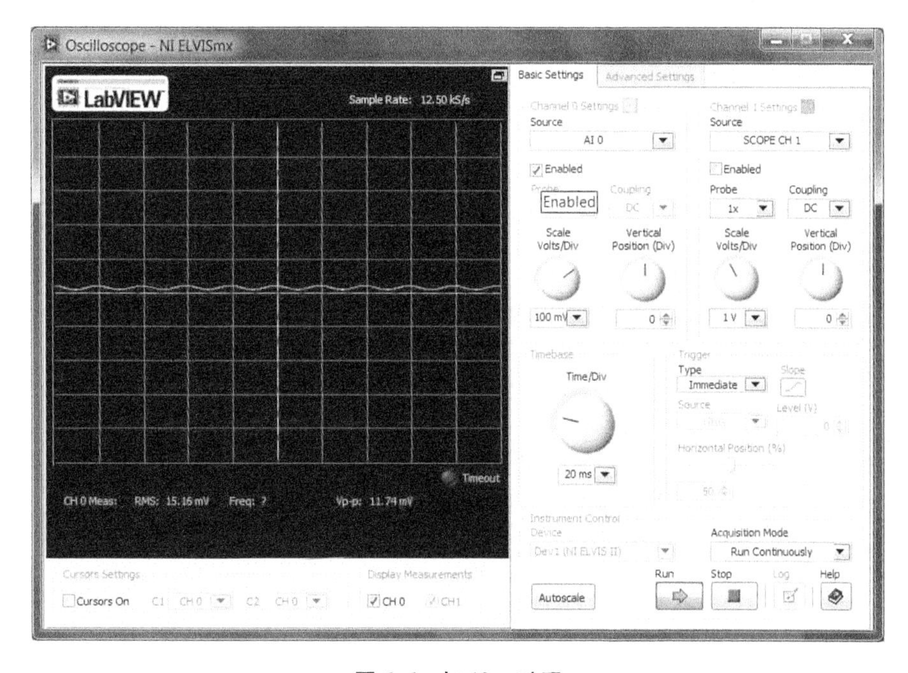

图 6.6　加 10 g 砝码

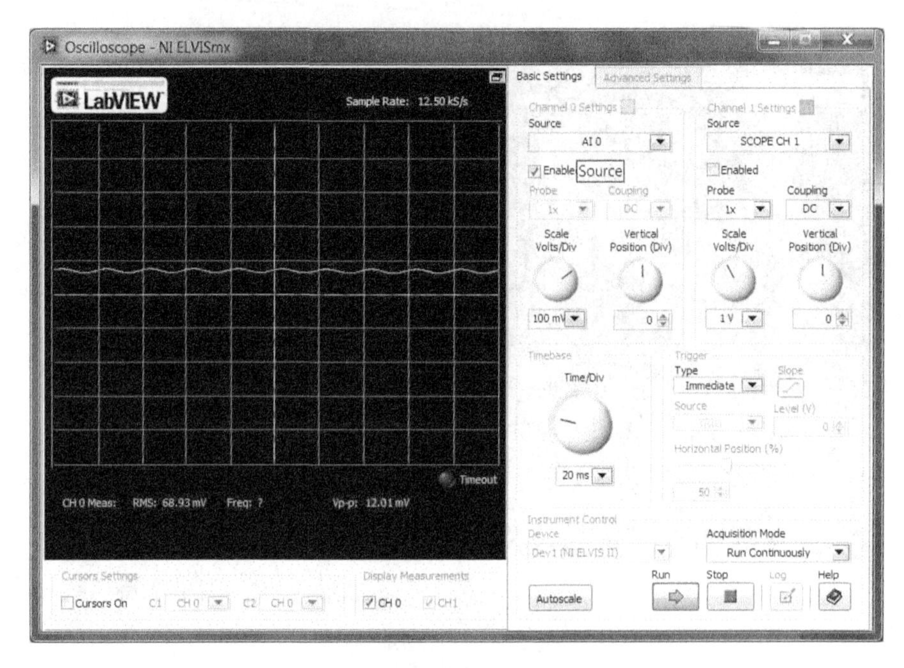

图 6.7 加 50 g 砝码

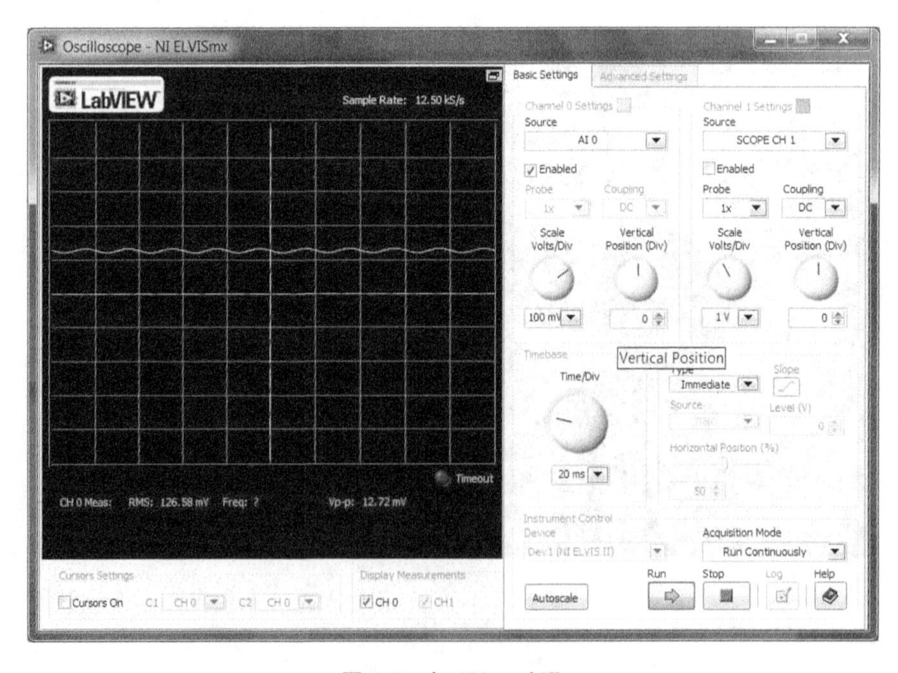

图 6.8 加 100 g 砝码

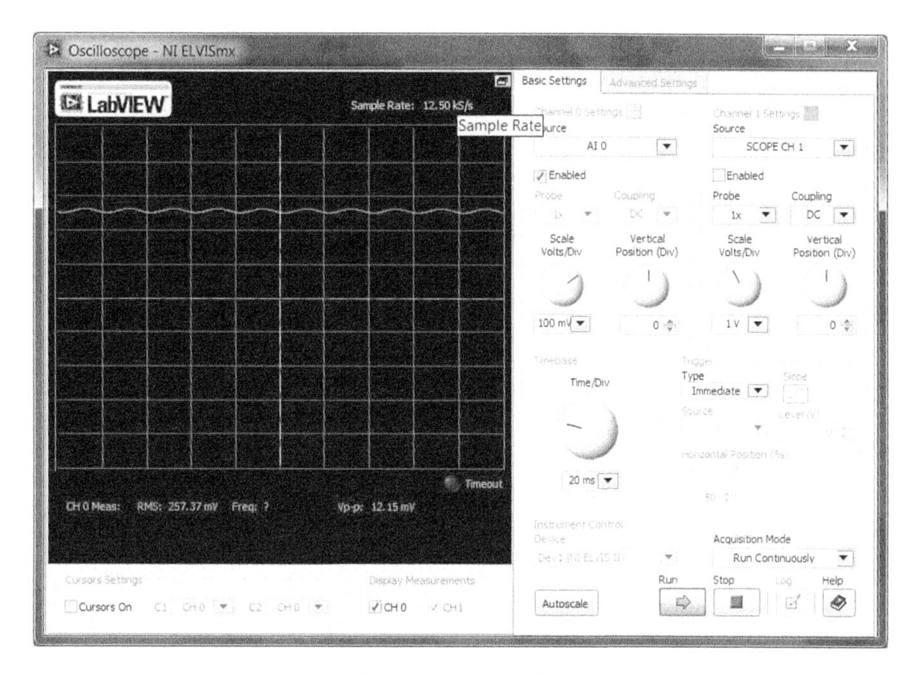

图6.9 加200 g砝码

6.4 实验中的常见问题及解答

1. 问:为什么悬臂梁无形变时,输出信号调不到 +5 mV?

答:检查桥路电阻开关,确保接入测量电路的电阻(与当前使用的应变片对应)为断路。

2. 问:为什么增加砝码质量后,输出的电压反而下降?

答:说明悬臂梁无形变时,测试电路输出电压为负值。去除悬臂梁上所有砝码,打开示波器光标使能"Cursors on",检查当前输出信号是否为正值,若不是,需调解 RP1501,使输出为 +5 mV。

6.5 思 考 题

1. 根据所测数据计算各种电桥的灵敏度 $S(S=\Delta X/\Delta V)$,并在坐标图上作出 $V-X$ 关系曲线。

2. 比较每种电桥之间的性能。

第7章　电机转速测量实验

7.1　实验目的及器材

7.1.1　实验目的

1. 了解直流电机的工作原理；
2. 了解常用的转速测量传感器的使用方法；
3. 了解霍尔IC、光敏电阻、槽型光耦这三种传感器的工作原理；
4. 学会使用霍尔IC、光敏电阻、槽型光耦这三种传感器测量直流电机转速。

7.1.2　实验器材

1. ELVIS实验平台；
2. LECT－1302传感器套件实验板；
3. 直流小电机(2～4.5 V)；
4. 霍尔IC、光敏电阻、槽型光耦。

7.2　实验原理

7.2.1　直流电机

直流电机是指能将直流电能转换成机械能，或将机械能转换成直流电能的旋转电机。具体地说，称能够实现前一种能量转换形式的电机为直流电动机，后一种转换形式的电机为直流发电机。

两极直流电机内部结构形式如图7.1所示。电机的固定部分称为定子，其上设有一对异性主磁极N和S。电机的旋转部分称为转子，定子与转子之间的空隙称为气隙。转子上设有铁芯，铁芯表面放置由导体A和X构成的线圈；线圈两端分别连接到两个圆弧形的铜片上，此铜片称为换向片，由换向片构成的整体称为换向器，固定在转轴上，固定不动的电

刷 B_1 和 B_2 与换向片接触。转子旋转时，电枢线圈通过换向片和电刷与外电路接通。

当直流电机用作电动机时，外界电压通过电刷 B_1，B_2 和换向器加到线圈上。由于电刷始终保持静止，电流 I 总是从正电刷 B_1 流入，从负电刷 B_1 流出。电流经过电刷后加到线圈 A 和 X 上，导体中就有了直流电流 I 通过。此时根据电磁力定律，载流导体在磁场中受到的电磁力 f 为

$$f = BI \cdot l \tag{7-1}$$

式中　B——导体所处位置的磁感应强度，T；

l——导体切割磁力线部分的长度，即导体的有效长度，m。

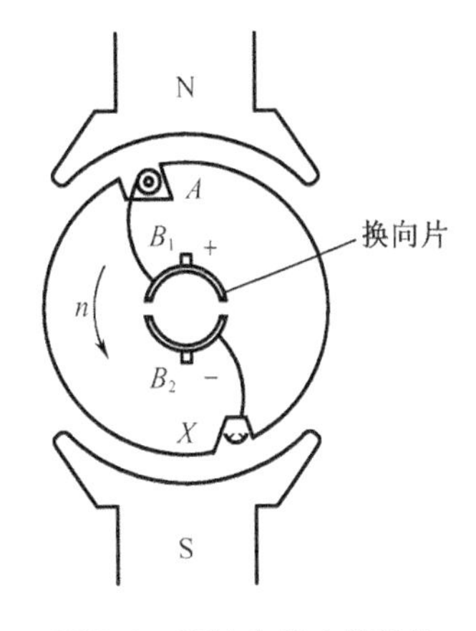

图 7.1　直流电机内部结构

于是，作用在线圈上的电磁转矩为

$$T = BI \cdot l \frac{D}{2} \tag{7-2}$$

其中，D 为转子的直径。

本实验中使用的直流电机，功率在 1 W 以内，在 4.5 V 电压对应的转速为 6 500 r/min，2 V 电压对应转速为 2 000 r/min。电机有两个接线端口，使用两根导线分别连接电机的两个引脚。由于本实验只需测量电机的转速，因此，在与电源连接时无须区分电机的正负极。

7.2.2　光电式转速测量方法

光电测速法就是利用某些金属或半导体物质的光电效应来实现对转速的测量。光电效应的基本原理是当具有一定能量的光子投射到某些物质表面时，具有辐射能量的微粒将透过受光物质的表面层，给这些物质的电子注入附加能量。光子能量的注入或改变物质的电阻大小，或使电子逸出物资表面，或使物体产生一定方向的电动势。从而导致与其连接的闭合回路中的电流发生变化，实现光—电转换过程。

透射式转速测量法是一种常用的光电转速测量方式。如图 7.2 所示，在转动轴上安装圆盘形遮光盘（或类似装置），其上均布有若干条码道。光源（包括相关光学系统）和具有光电效应的光电元件分别位于遮光盘的两端。工作时，遮光盘随着测速轴同步转动。当遮光盘上的不透光区与光源相对时，光线无法通过，光电元件未接受到光线照射，对外输出低电平。而当遮光盘上的透光区与光源相对时，平行光可以通过遮光盘上的码道，照射到光电元件上。光电元件吸收光子能量后产生一定大小的电动势，从而输出高电平。随着测速轴的转动，遮光盘上明暗码道交替变换，将光源发出的连续光调制成光脉冲信号，经光电元件转换之后，对外输出高低电平。此时，通过测量传感器输出高低电平信号的发生频率，即可

计算出测速轴在一个测量分度内的瞬时转速。

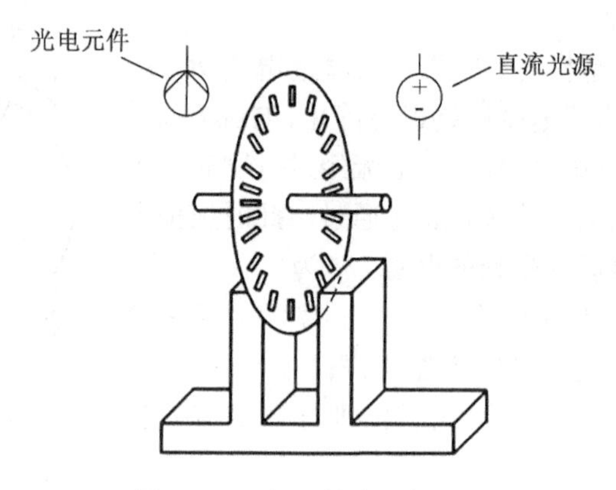

图 7.2 透射式转速测量原理

若假设遮光盘每转一周,光电元件输出 z 个脉冲电压信号,且脉冲信号的频率为 f(Hz),则测速轴的转速 n 为

$$n=\frac{60f}{z} \tag{7-3}$$

本实验在电机的转轴上,添加一个带有六个缺口的圆片,以此作为调节光路的遮光盘,并将圆片放置在光源与光电元件之间。当电机转动的时候,每转过一圈,光电元件接收到六个光脉冲信号,并对应输出高低脉冲电压。根据式(7-3)即可获得转轴的转速信息。转速的计算需要首先得到脉冲电压的频率 f,光电元件输出电压的频率测量方法将在下一部分内容中介绍。

本实验采用将光源与光电元件整体为一个部件的光电耦合器(槽型光耦)实现转速测量。槽型光偶内部结构如图 7.3 所示。该耦合器采用红外发光二极管作为电源,并将光敏三极管作为感受件(检测器)。其中,光敏三极管基极悬空并封装了一个透光孔。当光线透过光孔照射到发射极和基极之间的 PN 结时,即能获得较大的电流输出,输出电流的大小随外界光线的强度而变化。

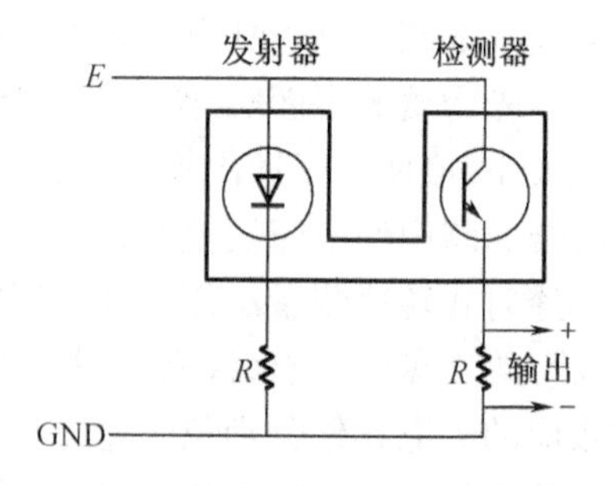

图 7.3 光电耦合器电路原理图

7.2.3　光敏电阻

光敏电阻又称光导管，常用的制作材料有硫化镉、硫化铝等。这些制作材料在受到特定波长光的照射时，其内部将激发出能够参与导电的载流子，并在外加电场的作用下做漂移运动，使得电子流向电源的正极，空穴流向电源的负极，从而使光敏电阻的阻值迅速下降（称为内光电效应），导致电路参数发生变化，并对外输出一定形式的电压信号。

光敏电阻器通常由光敏层、玻璃基片（或树脂防潮膜）和电极等组成。通常，光敏电阻器都制成薄片结构，以便吸收更多的光能。为了获得高的灵敏度，光敏电阻的电极常采用梳状图案，它是在一定的掩膜下向光电导薄膜上蒸镀金或铟等金属形成的。

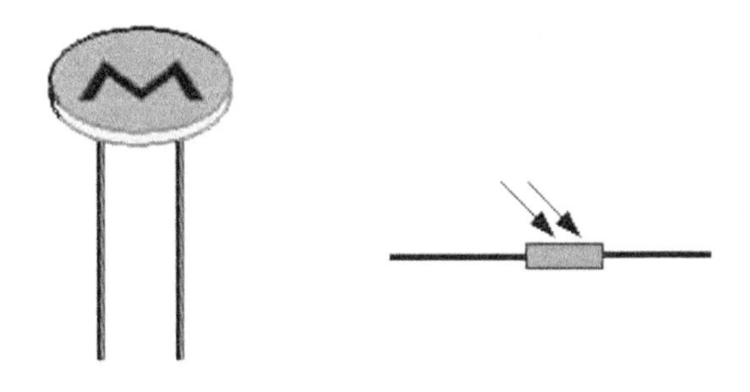

图7.4　光敏电阻的图示

光敏电阻在不受光照时的阻值称为“暗电阻”，一般为兆欧量级；受到光照射时对外表现的电阻称为“亮电阻”，一般为千欧量级，且光照越强，亮电阻越小。光敏电阻这种阻值与光照强度的对应关系称为光照特性。不同的光敏电阻，其光照特性也是不同的。在多数情况下，光照特性呈现出非线性，且与入射光波长有关。因此，在使用中，对于不同波长区域的光，应选用不同材料的光敏电阻。

7.2.4　霍尔式转速测量方法

如图7.5所示，将一块长为L、宽为W、厚为d的半导体薄片置于磁感应强度为B的磁场中，并使磁场垂直作用于半导体，当薄片的两端有控制电流I流过时，垂直于磁场和电流方向将产生一附加电压U_H，且此电动势的大小与控制电流I和磁感应强度B的乘积成正比，这一现象称为霍尔效应，所产生的电压U_H称为霍尔电压。

$$U_H = \frac{R_H IB}{d} \tag{7-4}$$

其中,R_H 为霍尔系数。

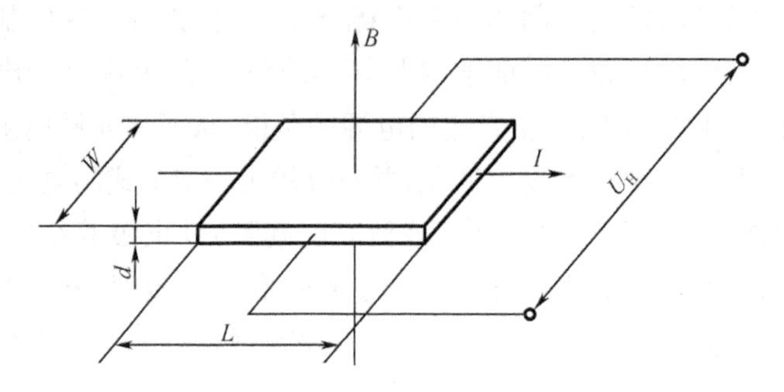

图 7.5 霍尔效应原理图

霍尔电压 U_H 正比于控制电流 I 和磁通密度 B,且与控制电流 I 的方向有关。霍尔系数($R_H = \rho\mu$)反映了霍尔效应的强弱。其中,ρ 为载流体的电阻率,μ 为载流子的迁移率。半导体材料(尤其是 N 型半导体)具有很高的载流子迁移率,且电阻率 $\rho \geq 10^{-3}\ \Omega \cdot m$。因此,由式(7-4)可知,半导体材料更容易获得较大的霍尔系数,适合制作霍尔元件。此外,为了获得较大的输出电压,霍尔元件基片厚度很薄,一般为 1 μm 左右。

霍尔元件测速是一种常用的旋转体转速测量方法。霍尔元件测速通常是利用磁场的变化反映转速的波动,进而通过霍尔效应将其转换为霍尔电压对外输出,此时,通过分析霍尔电压的脉冲频率即可得到旋转体的转速。图 7.6 所示为一种典型的霍尔元件测速基本装置。将霍尔元件固定在旋转体附近,而将永磁铁粘贴在旋转体上,并保证存在某一时刻霍尔元件与永磁体正对。当旋转体转动时,霍尔电压将随着霍尔元件距永磁铁的距离而产生脉冲响应。对输出脉冲信号的频率特征进行分析后,即可计算出转速。

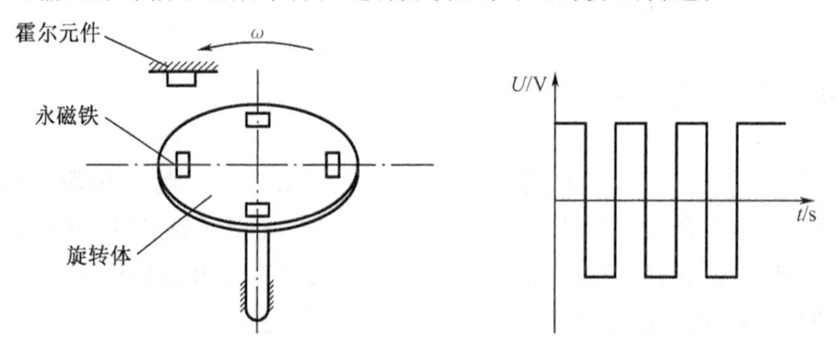

图 7.6 霍尔元件测速基本装置

7.2.5　脉冲信号频率测量方法(该部分为了解内容)

无论是光电式测速法，还是霍尔元件测速法，效应件在感受被测物体转速信号后，对外输出规则的矩形脉冲电压信号。而要得到被测物体的转速信息，则必须对得到的电压信号作进一步的分析，以获得脉冲电压的频率信息。对于频率较高的高低电平信号，通常利用已知频率的标准时钟信号与被测信号进行比对，获得被测信号的频率。根据比对方式的不同，常用的脉冲信号频率测量方法可分为测频法和测周法，如图7.7所示。

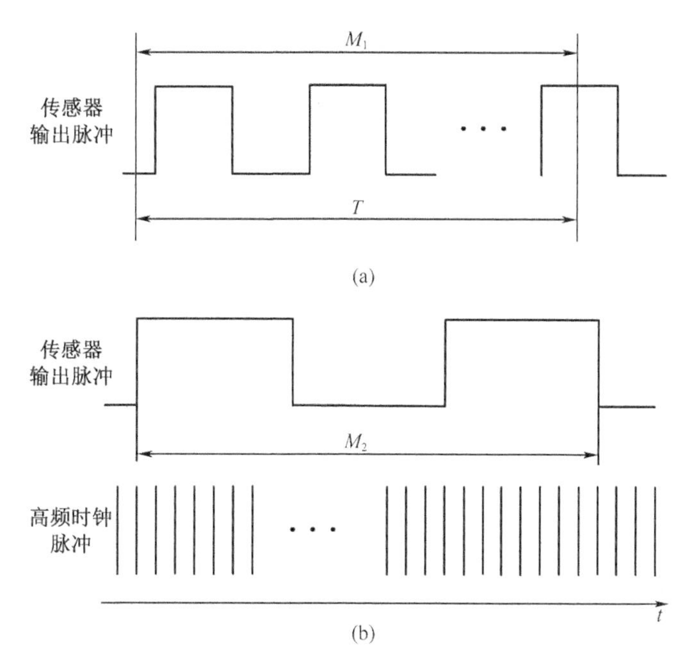

图7.7　脉冲信号频率测量方法

(a)测频法；(b)测周法

1. 测频法

测频法通过测量一段固定时间间隔内传感器输出脉冲个数而计算转速。如图7.7(a)所示，设在固定时间间隔 T 内测得的输出脉冲个数为M_1，则脉冲信号的频率f为

$$f=\frac{M_1}{T} \tag{7-5}$$

由于在实际测量中时钟信号与脉冲信号并不同步，因此在首末位置会出现 ±1 字的计数误差。此时，通过测频法计算转速的相对误差为

$$\left|\frac{\Delta n}{n}\right| = \frac{1}{M_1} \tag{7-6}$$

被测物体转速越高，时间间隔 T 内的输出脉冲个数M_1 越大，转速计算结果的相对误差就越小；而当被测物体转速较低时，输出脉冲个数M_1 较小，此时相对误差则随之增大。因此，该方法适用于较高转速的测量。

2. 测周法

在转速较低时，为了提高转速测量精度，常采用测周法对传感器输出脉冲的频率进行比对测量。测周法利用高频时钟信号测量传感器输出的两个相邻脉冲的频率，进而计算脉冲信号的频率。如图 7.7(b)所示，设高频时钟信号频率为f'，时钟脉冲个数为M_2，则传感器输出脉冲的频率f为

$$f = \frac{f'}{M_2} \tag{7-7}$$

该方法在计数脉冲时由于前后可能有不完整时基脉冲的影响，因此会产生测量误差，误差大小为正负一个时基脉冲间隔。由于该方法与测频法误差产生机理相同，相对误差公式形式上也相同，即有相对误差公式

$$E = \frac{1}{M_2} \tag{7-8}$$

由式(7-8)可知，当计算编码器脉冲信号频率的时基信号脉冲个数越大，测量的相对误差值越小。因此，该方法多用于转速较低的场合，在高转速测量时精度较差。

此外，在测频法和测周法的基础上，还有一些改进方法。如将两种方法结合的频率/周期法，这种方法同时测量一定个数的输出脉冲和产生这些脉冲所花的时间，该方法综合了测频法和测周法的优势，在整个转速范围内都有很好的准确性。

7.3 实验内容和步骤

7.3.1 槽型光耦

(1)P602 给槽型光耦供电，连接 +5 V 电源和 GND。

(2)J601 为槽型光耦的输出端，左正右负，将其连接至 AI0 +/AI0 - 通道。

(3)使用 VPS+(0~+12 V)给直流电机供电,将 P601 正负两端连接实验板左上方的+12 V 及 GND 端口。

(4)打开 ELVIS 的工作台和原型板两个电源。

(5)在 nextpad 软面板中选择槽型光耦,在测试面板中设置采集通道为 AI0,点击开始按钮。调节 VPS+的电压输出,观察不同的电机转速对应的波形。

[注意]　推荐电压在 1~4 V 之间变换。

(6)实验结束后,在 nextpad 中暂停程序。关闭原型板开关电源。

7.3.2　霍尔 IC

(1)U701 处为霍尔 IC,P701 给霍尔 IC 供电,左正右负,连接+5 V 电源和 GND。

(2)J701 为霍尔 IC 的输出端,左正右负,将其连接至 AI0+/AI0-通道。

(3)使用 VPS+给直流电机供电。同槽型光耦步骤(3)。

(4)打开原型板开关电源。

(5)在 nextpad 软面板中选择霍尔元件,在测试面板中设置采集通道为 AI0,点击开始按钮。调节 VPS+的电压输出,观察不同的电机转速对应的波形。

(6)实验结束后,在 nextpad 中暂停程序。关闭原型板开关电源。

7.3.3　光敏电阻

(1)各个组件:U501 是光敏电阻,U502 是运放,U503 是 555 芯片。

LED 的供电端口为 V501,左正右负,使用+5 V/GND 供电。

P501 为 U502 供电,连接实验板右上角+15 V/GND/-15 V。

U502 的输出为 J501,左正右负,作为输出信号连接 J502。

U503 的电源是 P502,连接电源+5 V/GND。

U503 的输入信号端为 J502,输出端为 J503。

(2)J501 连接 J502,J503 的正负两个端口分别连接 AI0+/AI0-。

(3)使用 VPS+给直流电机供电,同槽型光耦步骤 3。

(4)打开原型板开关电源。

(5)在 nextpad 软面板中选择光敏电阻,在测试面板中设置采集通道为 AI0,点击开始按钮。调节 VPS+的电压输出,观察不同的电机转速对应的波形。若看不到 0~5 V 的方波,调节 RP501,逆时针旋转,通常旋转至底,就可以看到方波。电机转速不可过快,这是由光敏电阻的灵敏度决定的,故 VPS+的输出电压控制在 1.1~1.8 V。

(6)实验结束后,在 nextpad 中暂停程序。关闭原型板开关电源。

7.3.4 主要测量过程参考图

主要测量过程参考图如图 7.8 ~ 图 7.10 所示。

电机转速测定

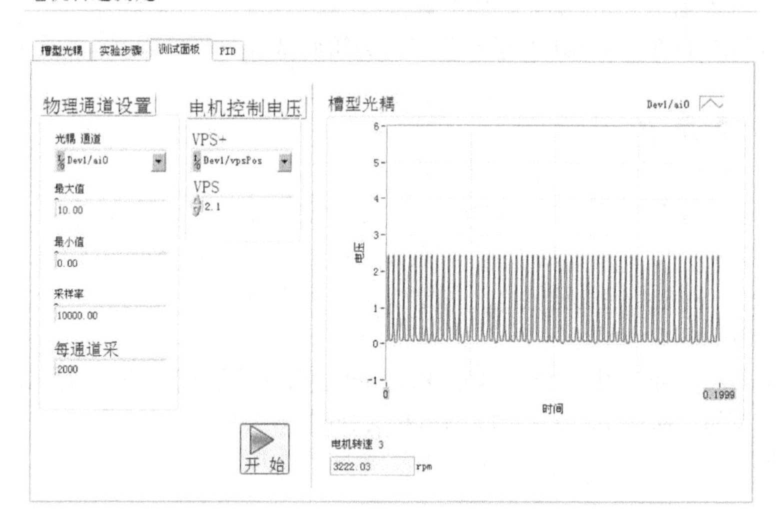

图 7.8 槽型光耦测量图

电机转速测定

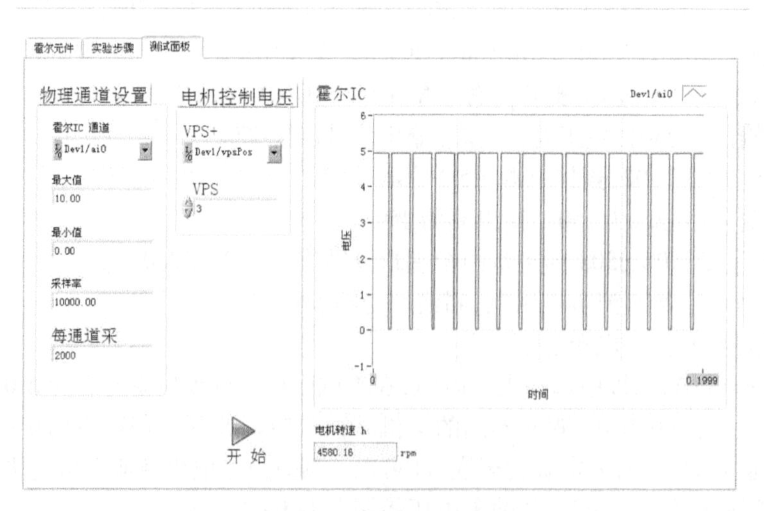

图 7.9 霍尔元件测量图

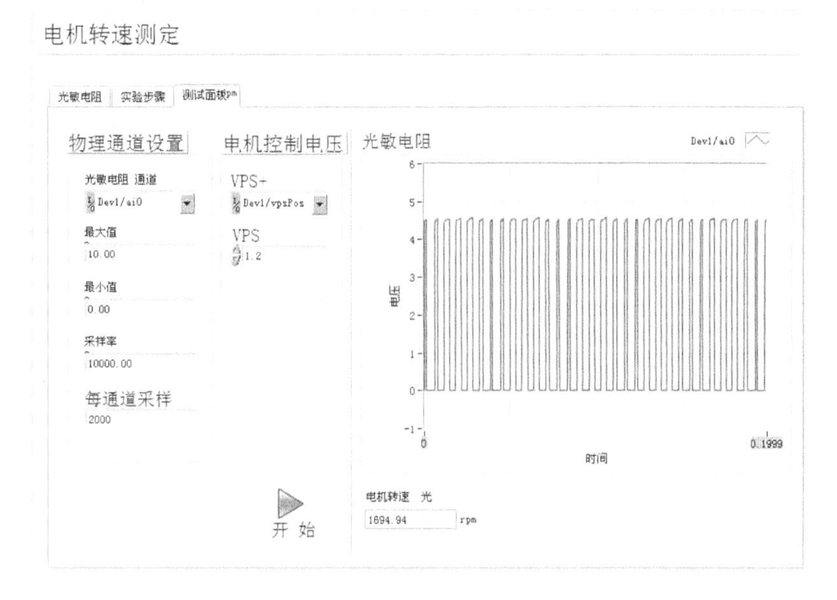

图7.10　光敏电阻测量图

7.3.5　实验数据及图像

将得到的槽型光耦测量图、霍尔元件测量图、光敏电阻测量图等图形保存好，打印在一张纸上附到实验报告中。

7.4　实验中的常见问题及解答

1. 问：为什么给直流电机正常供电后，电机却不转动？

答：可用手指轻拨电机的缺口转盘，使电机具有一个初速度。若电机仍不转动，且调解VPS+输出电压后情况并没有改善，此时可以打开NI ELVISmx软面板，通过其中的“VPS”虚拟仪器调解直流稳压电源的输出电压。

使用时需要注意的是，通过VPS向电机提供的直流电压大小应当在规定的范围之内。

2. 问：为什么nextpad测试面板中没有波形显示？

答：首先应确保nextpad测试面板中通道配置正确。若此时仍没有波形显示，则可以利用NI ELVISmx软面板中的示波器（Scope），通过适当调节信号显示状态，观察电机的转速波形。

7.5 思考题

根据电机特点及三种传感器特性,设计一个旋转运动系统的计算机自动控制系统。运用PID控制原理,设计小电机的PID控制程序。可以使用NI提供的PID工具包,实现PID控制电机转速。

第8章　硅光电池特性研究实验

8.1　实验目的及器材

8.1.1　实验目的

1. 学习 PN 结形成原理及其工作机理；
2. 了解 LED 发光二极管的驱动电流和输出光功率的关系；
3. 掌握硅光电池的工作原理及其工作特性。

8.1.2　元器件准备

1. ELVIS 实验平台；
2. LECT－1302 实验板；
3. 万用表表棒；
4. 硅光电池，LEDs(红、黄、绿)。

8.2　实 验 原 理

8.2.1　硅光电池的工作原理

硅光电池是一个大面积的半导体器件，能够有效地将入射到其表面的光能转化为电能。因此，硅光电池常被作为光电探测器或能量源，广泛应用于太空和野外探测中。

图8.1是硅光电池的基本结构。如图所示，硅光电池内表面有一个大面积的 PN 结。当外界光照射到硅光电池的光照面上时，入射光子的能量被半导体吸收，获得能量后的部分电子克服共价键的束缚，由介带被激发至导带，从而产生电子－空穴对。当半导体 PN 结处于零偏或反偏状态时，在半导体结合面耗尽区存在一个与外电场同向的内电场。带负电的电子和带正电的空穴在内电场的作用下分别运动到 N 型区和 P 型区，从而使 PN 结两端分布有等量的异性电荷，形成电势差。

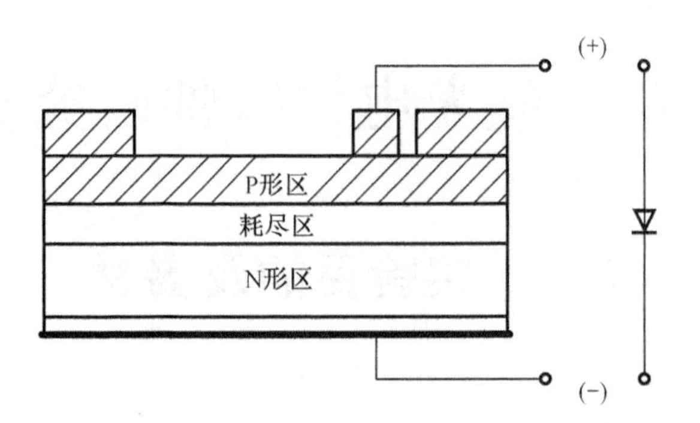

图 8.1　光电池结构示意图

在 PN 结两端串联上负载后，在电势差的作用下负载上将有光生电流通过。流过 PN 结两端的电流的大小可由下式确定，即

$$I = I_s(e^{\frac{eU}{kT}} - 1) + I_p \tag{8-1}$$

式中　I_s——饱和电流；

U——PN 结两端电压；

T——绝对温度；

I_p——产生的光电流。

从式(8-1)中可以看出，当光电池处于零偏状态时($U=0$)，流过 PN 结的电流 $I=I_p$；当光电池处于反偏状态时(本实验中取 $U=-5$ V)，流过 PN 结的电流可近似为 $I=I_p-I_s$。

当光电池处于零偏或反偏状态时，产生的光电流 I_p 与输入光功率 P_i 的对应关系为

$$I_p = K_r P_i \tag{8-2}$$

式(8-2)中 K_r 为响应率，其值随入射光波长的不同而变化，在长波段和短波段分别存在截止阈值。长波截止阈值的确定主要是为了使入射光子的能量大于材料的能级间隙 E_g，以保证处于介带中的束缚电子得到足够的能量被激发到导带，如硅光电池的长波截止波长为 $\lambda_c = 1.1$ μm。同时，由于制作光电池的材料具有较大吸收系数，因此光电池对于短波入射光的响应率 K_r 较小。为使输出光电流能够被有效检测，应当对入射光的波长下限进行要求。

硅光电池具有单调导电性，这一特性是由其内部的半导体 PN 结所决定。图 8.2 是半导体 PN 结分别在零偏、反偏、正偏下耗尽区的分布示意图。当 P 型和 N 型半导体材料结合时，由于二者在交界处载流子浓度的差异性，必然会发生两部分多数载流子的扩散运动，即 P 区中一部分空穴(多子)扩散到 N 区以后，在 P 区一侧留下一些带负电的杂质离子；同时，N 区中一部分电子(多子)扩散到 P 区以后，在 N 区一侧留下一些带正电的杂质离子。

于是在交界面处形成了一层呈现高阻抗的正负离子层,这一离子层称为载流子耗尽区。当漂移运动达到动态平衡时,PN 结内部的内电场将阻止漂移运动的继续进行。若此时 PN 结反偏,则半导体外加电场与内电场方向一致,耗尽区在外电场作用下变宽,使内电场加强;而当 PN 结正偏时,外加电场与内电场方向相反,耗尽区在外电场作用下变窄,内电场的阻碍作用被削弱,使载流子扩散运动继续形成电流,此即为 PN 结的单向导电性,电流方向由 P 区指向 N 区。

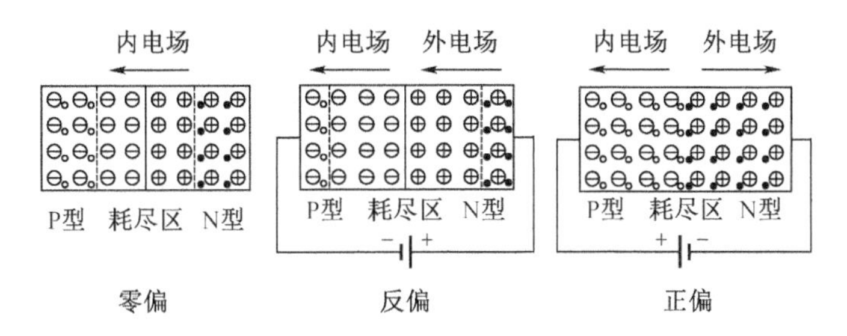

图 8.2　半导体 PN 结在零偏、反偏和正偏下的耗尽区

8.2.2　负载特性

光电池作为能量源时的使用电路如图 8.3 所示。在内电场作用下,入射光子由于内光电效应把处于介带中的束缚电子激发到导带,而产生光伏电压 V,在光电池两端加一个负载 R_L 就会有电流流过。当负载很小时,电流较小而电压较大;当负载很大时,电流较大而电压较小。实验时可改变负载电阻 R_L 的值来测定光电池的负载特性($U-R_L$)。

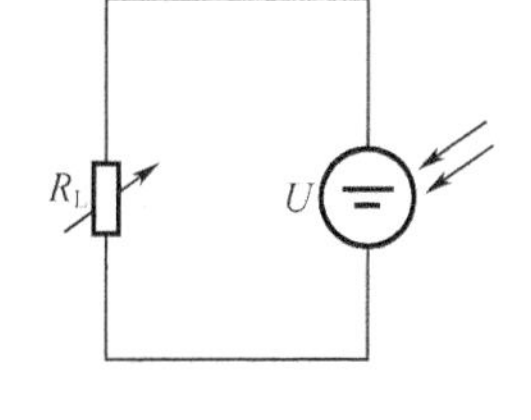

图 8.3　光电池负载特性测定原理

在实际测量中,硅光电池的输出电流随照度(光通量)的增加而表现出非线性地缓慢增加,并且随负载 R_L 的增大线性范围也越来越小。因此,在要求输出的电流与光照度呈线性关系时,负载电阻在条件许可的情况下越小越好,并限制在光照范围内使用。硅光电池的负载特性随光照强度的变化关系曲线如图 8.4 所示。

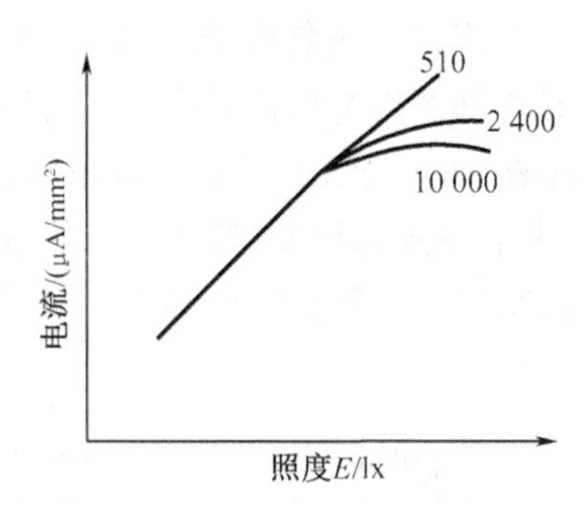

图 8.4 硅光电池的负载特性随光照度的变化

8.2.3 光照特性

光电池有两个重要的参数指标:短路电流和开路电压,其所表示的物理意义分别如图 8.5(a),(b)所示。硅光电池的短路电流和开路电压随光照度变化的特性称为硅光电池的光照特性。研究表明,短路电流在很大范围内与光照强度呈线性关系,而开路电压与光照强度是非线性关系。图 8.6 是硅光电池开路电压和短路电流与光照强度的关系曲线。根据光照强度与短路电流呈线性关系这一特点,硅光电池在应用中常被用作电流源。

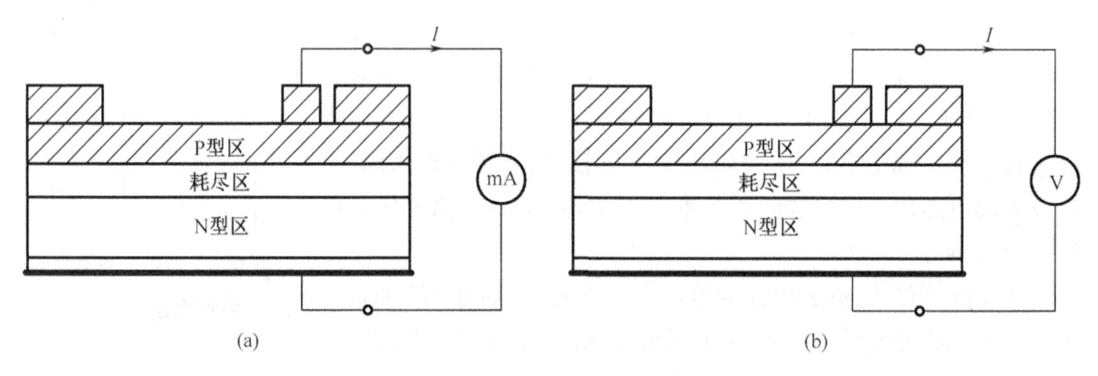

图 8.5 光电池特性指标

(a)短路电流;(b)开路电压

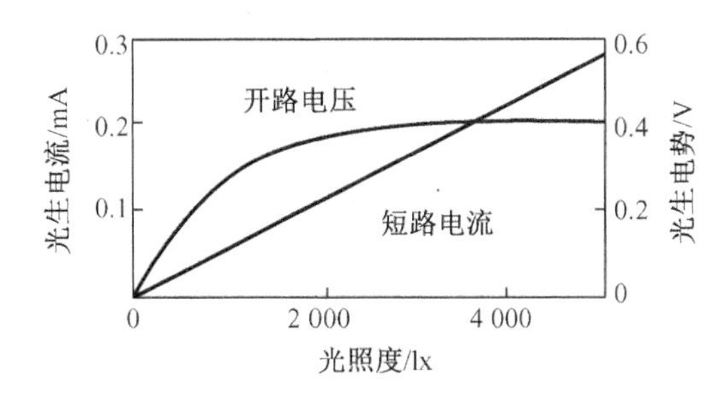

图 8.6　硅光电池光照特性曲线

8.2.4　无光照伏安特性

由硅光电池的原理可知,在无光照条件下,正向偏压的 PN 结由于 P 型半导体和 N 型半导体的载流子漂移运动,光电池的两端仍会存在一定大小的电动势。光电池两端电势差与电流之间的关系称为光电池的无光照伏安特性。将光电池与外接的负载构成回路,通过改变负载的阻值大小,即可测量硅光电池正向偏压时的伏安特性。电路原理图如图 8.7 所示。

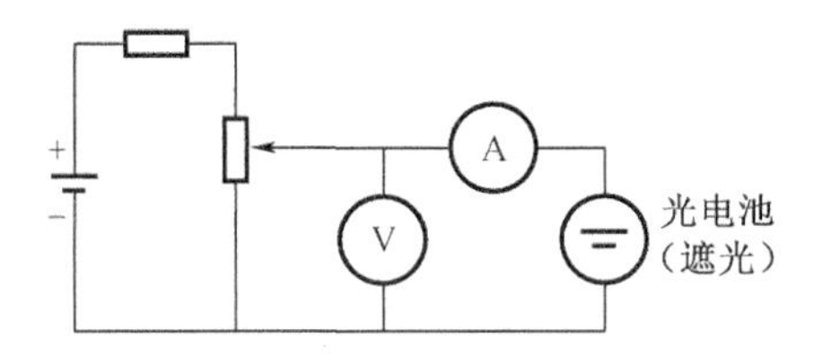

图 8.7　无光照伏安特性

8.2.5　串并联伏安特性

硅光电池作为电源的一种,能够在实际应用中为用电设备提供能量,并且在使用中可通过改变硅光电池在电路中的连接方式满足不同的要求。根据串并联电路原理,若将多个光电池串联接入电路,则串联电池组的总电动势为各个光电池的电动势之和,电池组的内阻也由每个光电池内阻叠加而成。在这种使用方式下,电池组所能提供的电流由组成该电池组的光电池的最小额定电流决定。

与普通电源并联一样,若将所有光电池的正极连接在一起,作为电池组的正极;所有光电池的负极连接在一起,作为电池组的负极,则这种连接方式称为光电池的并联。为保证光电池的使用安全,组成并联电池组的光电池一定要求具有相同大小的电动势。由电工技术可知,并联无法提高电池组的总电动势(其大小等于单个光电池的电动势),但却实现了输出电流的叠加(其大小等于单个光电池能提供的电流之和)。因此,在实际应用中,可根据不同的使用要求选择不同的光电池连接方式。

本实验光电池串并联伏安特性测量原理图如图 8.8 所示。可通过改变负载阻值大小得到不同的光电流与光电池两端电势差的对应关系,进而绘制出光电池的伏安特性曲线。

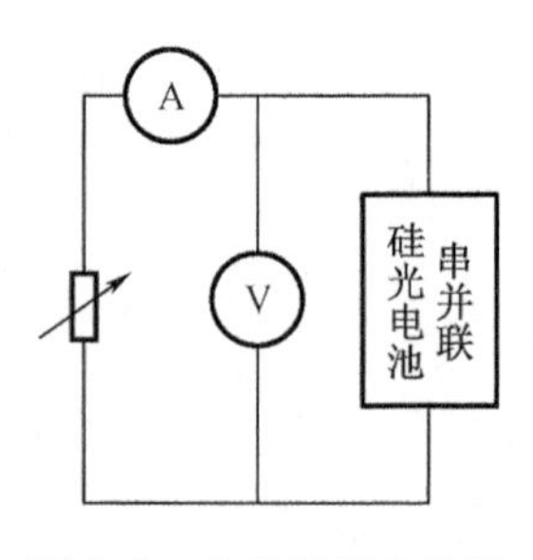

图 8.8 串并联伏安特性

8.3 实验内容和步骤

8.3.1 无光照伏安特性

(1)将 V101 和 +5 V 电源相连,V101 上正下负。

(2)S101 设为断开、S102 设置为连通,光电池接在 U101 处,短接 1 和 2 引脚、3 和 4 引脚。

(3)用遮光套将光电池套上,遮光。

(4)将电流表串联入电路,万用表(A)及 COM 端口分别与 T101 和 T102 相连接。将 AI0 通道并联至电路中,AI0 + 接 T103,AI0 - 接 T104。

(5)打开 ELVIS 的电源和原型板电源,打开 DMM 和 scope 的软面板。

(6)改变 RP101 的阻值,观察电压电路的变化。在 nextpad 的测试面板中记录 $V-I$ 的数值如表 8.1 所示。

表 8.1 $V-I$ 数据记录表格

项目	1	2	3	4	5	6
电压/mV						
电流/mA						

(7)实验完成后,关闭原型板开关。

8.3.2 光照特性

(1)将 V102 和 VPS(0 ~ +12 V)相连,V102 上正下负,分别接 +12 V/GND。LED101 处放置红色发光二极管。

(2)S101,S102 设置为断开,光电池接在 U101 处,短接 1 和 2 引脚、3 和 4 引脚,连接 T105 和 T106。

(3)用遮光套将光电池和发光二极管套在一起。

(4)将 100 Ω 的电阻连入电路,将开关 S110 设置为连通,其他电阻开关设置为断开。

(5)将万用表(V)及 COM 端口分别与 T103 和 T104 相连接。

[注意]　也可使用 scope 软面板观察电压,使用 AI0 和 T103 及 T104 相连接。

(6)打开 DMM 和 VPS 的软面板。

(7)根据 LED 的特性,VPS 的输出电压设置为 2 ~5 V。

(8)在 nextpad 软面板中记录不同的光强(VPS 的电压值)对应的 DMM 测得的电压值,如表 8.2 所示。

表 8.2　光照特性数据记录表格

项目	1 V	2 V	3 V	4 V	5 V
DMM/mV					

8.3.3 负载特性

(1)测量输出电压与负载关系。

(2)将 V102 和 VPS 相连,V102 上正下负。LED101 处放置红色发光二极管。同光照特性步骤 1。

(3)S101,S102 设置为断开,光电池接在 U101 处,短接 1 和 2 引脚,3 和 4 引脚,连接 T105 和 T106。

(4)用遮光套将光电池和发光二极管套在一起。

(5)将万用表(V)及 COM 端口分别与 T103 和 T104 相连接。

(6)打开 DMM 和 VPS 的软面板。

(7)固定 VPS 的输出电压,如 5 V,4 V。测量在某固定光强下光电池的负载特性。

(8)依次将各个电阻连入电路中,并读取对应负载的电压值。

(9)在 nextpad 软面板中记录不同的负载对应的 DMM 测得的电压值,如表 8.3 所示。

表 8.3 负载特性数据记录表格

项目	1	2	3	4	5	6
电阻/Ω						
电压/μV						

8.3.4 串并联伏安特性

(1)将 V102 和 VPS 相连,V102 上正下负。LED101 处放置红色发光二极管。

(2)S101,S102 设置为断开,光电池接在 U101 和 U102 处。

(3)串联时,连接 1 和 2 引脚,3 和 6 引脚,7 和 8 引脚。并联时,连接 1 和 2 引脚,3 和 4 引脚,5 和 6 引脚,7 和 8 引脚。

(4)用遮光套将光电池和发光二极管套在一起。

(5)将电流表串联入电路,万用表(A)及 COM 端口分别与 T105 和 T106 相连接。将 AI0 通道并联至电路中,AI0 + 接 T103,AI0 - 接 T104。

(6)打开 DMM(A),VPS 和 scope 的软面板。

(7)固定 VPS 的输出电压为 5 V。依次将各电阻连入电路中,在 nextpad 中记录 $V-I$ 的数值,如表 8.4 和表 8.5 所示。绘制光电池的串并联的伏安特性曲线。

表 8.4 串联时 $V-I$ 数据记录表格

项目	1	2	3	4	5	6
电压/mV						
电流/mA						

表 8.5 并联时 $V-I$ 数据记录表格

项目	1	2	3	4	5	6
电压/mV						
电流/mA						

8.3.5　主要测量过程参考图

主要测量过程参考图如图 8.9 ~ 图 8.11 所示。

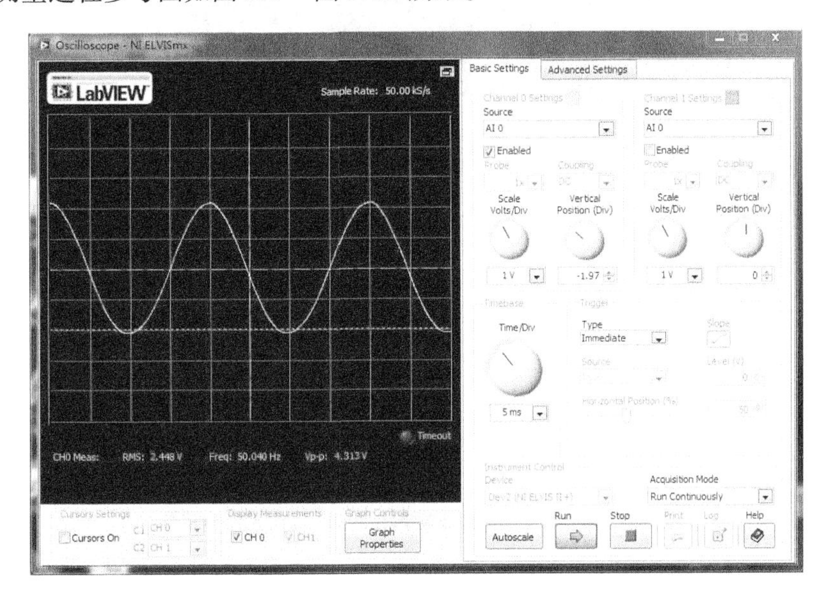

图 8.9　滑动变阻器阻值 1 对应的电路电压

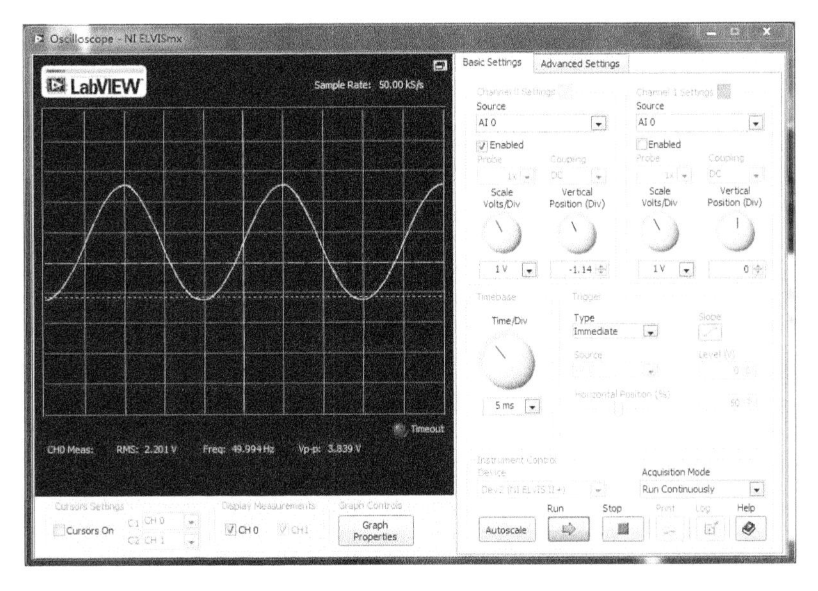

图 8.10　滑动变阻器阻值 2 对应的电路电压

图 8.11　光电池两端电压(VPS 电压为 3 V)

8.4　思　考　题

1. 光电池在工作时为什么要处于零偏或反偏?
2. 光电池对入射光的波长有何要求?
3. 当单个光电池外加负载时,其两端产生的光伏电压为何不会超过 0.7 V?

第 9 章　光敏二极管光电特性研究实验

9.1　实验目的及器材

9.1.1　实验目的

1. 了解光敏二极管的光电特性；
2. 了解光电管输出光电流与入射光的照度(或通量)的关系。

9.1.2　元器件准备

1. 光敏二极管；
2. LEDs(红、黄、绿)。

9.2　实 验 原 理

9.2.1　光敏二极管的工作原理

光敏二极管也称为光电二极管。与普通二极管相同,光敏二极管的核心部件是具有光敏特征的半导体 PN 结,其能够把辐射到其上的光能量转化为电量并对外输出。由于 PN 结是一种具有单向导电性的非线性元件,在实际使用中,通常在光敏二极管两端加上反向电压,如图 9.1 所示。

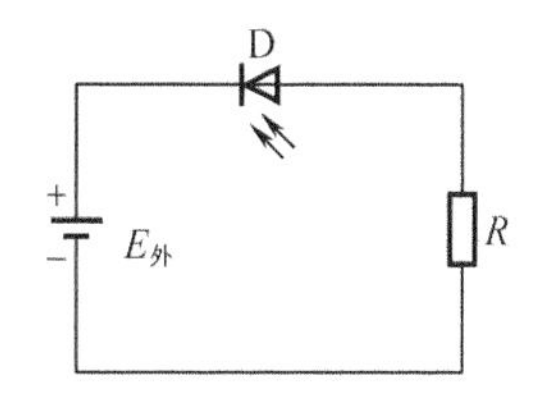

图 9.1　光敏二极管的应用电路

由于载流子的漂移运动,PN 结中将存在一个由 N 型半导体指向 P 型半导体的内电场 E。在无光照条件下,半导体的多数载流子(多子,N 型半导体的电子和 P 型半导体的空穴)的扩散运动效果与少数载流子(少子,N 型半导体的空穴和 P 型半导体的电子)的运动效果相互抵消,在交界面两侧将形成一个阻挡层。在阻挡层的作用下,多子的扩散运动难以继续进行,只有少数载流子可以穿越 PN 结形成由 N 区流向 P 区的反向电流。称光敏二极管在无光照条件下的饱和反向漏电流为暗电流。由于半导体内部少子的浓度很低,即使在饱和状态下 PN 结中的反向漏电流也很小,一般小于 0.1 μA。

光敏二极管的外壳上有一个透明的窗口用以接收光线照射。如图 9.2 所示,当光敏二极管受到光照后,携带大量能量(大于硅带隙 E_g)的光子进入 PN 结,并将能量传给半导体中共价键上的束缚电子,使得部分电子挣脱共价键的作用,产生电子 - 空穴对。这一过程称之为光注入,由于光注入而形成的载流子被称为光生载流子。光生载流子在浓度梯度的作用下发生双向的漂移运动,电子移动至 N 型区,而空穴向着 P 型区扩散。若光生载流子在运动到耗尽区之前就因复合作用而消失,那么这种运动对于反向电流的形成没有贡献。否则,载流子的这种双向运动将在 PN 结内部形成反向电流,且光的强度越大,反向电流也越大。光敏二极管受到光照射时所产生的电流称为光电流。一般应用中,光电流在数值上比暗电流大得多。如果在外电路上接上负载,负载上就获得了相应的电信号。

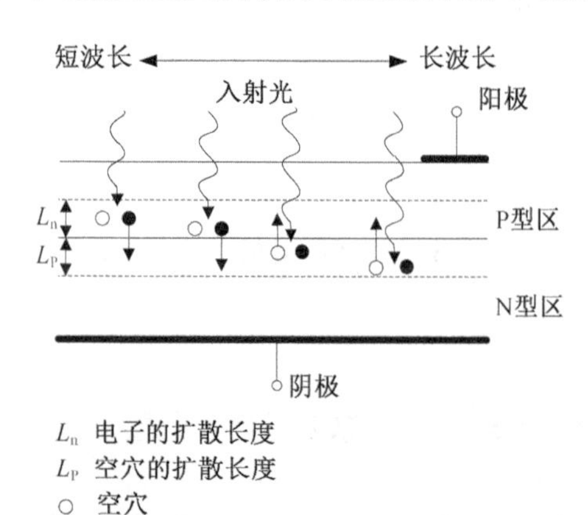

图 9.2 光敏二极管的工作原理

由图 9.2 可知,光敏二极管的灵敏度因入射光波长而异。当入射光线波长较短时,带有一定能量的光子只能透过较浅的区域,难以透射至半导体内部,因此 PN 结形成于半导体浅层表面;而具有较大波长的入射光线能够到达材料的深层区域,因此 PN 结形成于半导体内部的较深层区域。

9.2.2 光敏二极管的伏安特性

光敏二极管受光后所产生的光电流与外加偏压的关系称为伏安特性。图 9.3 所示的是理想光敏二极管的等效电路。在等效电路中，光注入激发电流的过程可作电路中的恒流源，并与理想二极管的结电容 C_j 并联。因此，光敏二极管的伏安特性可表示为

$$\begin{cases} I = I_D - I_P \\ I_D = I_S[\exp(eU/kT) - 1] \end{cases} \tag{9-1}$$

式中 I——输出电流；

I_p——光电流，与入射光的照度正相关；

I_D——等效二极管支路电流；

I_S——光敏二极管的反向饱和电流；

e——元电荷；

k——玻耳兹曼常数；

T——绝对温度。

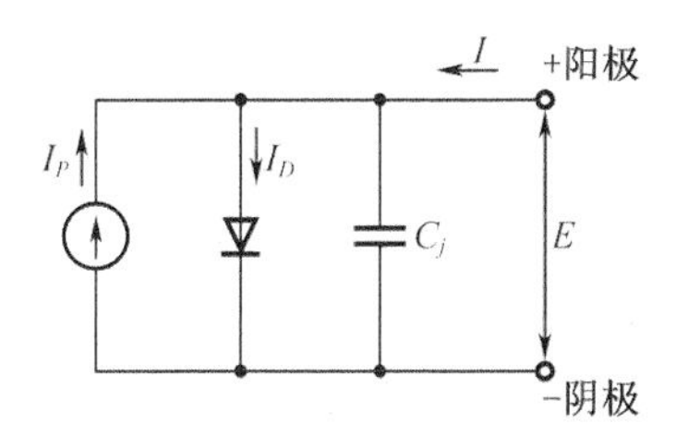

图 9.3 光敏二极管等效电路

在光电二极管处于开路状态下，由于吸收光子能量所产生的光生载流子不能形成闭合的光电流，而只能在 PN 结内电场的作用下，聚集在半导体的两端。因此，开路中的 PN 结便具有了一定的电动势，即开路电压。令式(9-1)中输出电流 I 为零，则开路电压 U_e 为

$$U_e = (kT/e)\ln(I_P/I_S + 1) \tag{9-2}$$

光敏二极管的伏安特性曲线如图 9.4 所示，其中 R_L 为外加负载。由图中可以看出，当光敏二极管通以反向偏压时，在外加电压 $E_{外}$ 和负载电阻 R_L 的很大变化范围内，光电流与入射光功率均具有很好的线性关系；而在无偏压工作状态下，只有当 R_L 较小时，光电流才与入射光功率成正比，而当 R_L 增大时，光电流与光功率呈非线性关系。由图 9.4 进一步分析可知，伏安特性曲线与横坐标的交点非等间距分布，因此光敏二极管的来路电压与入射光功率也呈非线性关系。

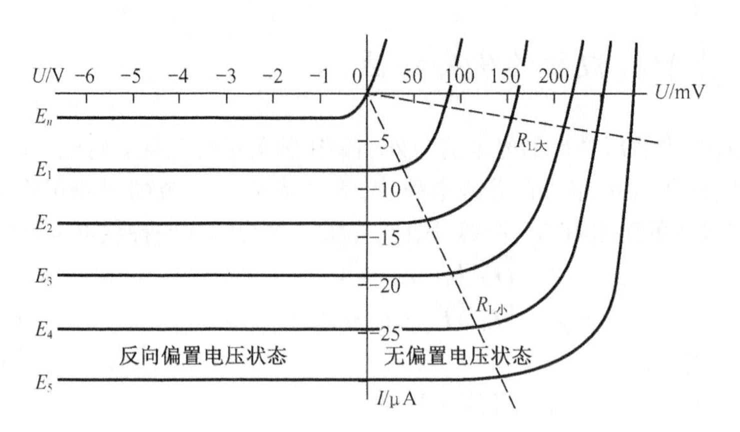

图 9.4 光敏二极管伏安特性曲线

9.3 实验内容和步骤

9.3.1 暗电流测试

用遮光罩盖住光电器件模板，电路中反向工作电压接 15 V，打开电源，微安表显示的电流值即为暗电流，或用万用表测负载电阻 R_L 上的压降 $U_{暗}$，则暗电流 $L_{暗} = U_{暗}/R_L$。一般锗光敏二极管的暗电流要大于硅光敏二极管暗电流数十倍。

(1) U201 放置光敏二极管，LED201 放置发光二极管。V201 处连接反向工作电压，V201 处上脚接 GND，下脚接 +15 V。

(2) S201，S206 设为断开。S205 设为连通，即将 22 MΩ 电阻连入电路中。连接 T205 和 T206。

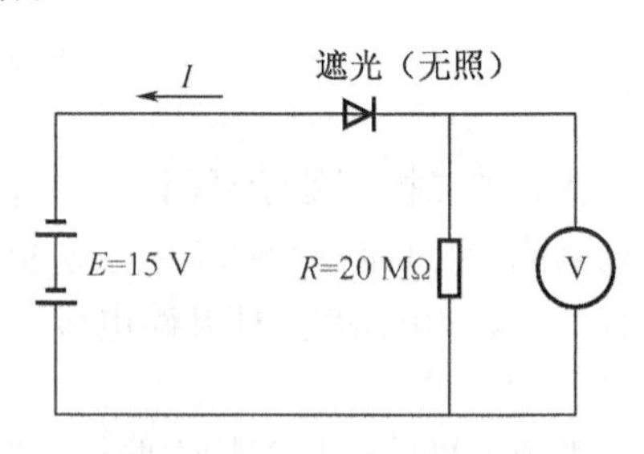

图 9.5 暗电流连接电路

(3) 用遮光套将光敏二极管套上，遮光。

(4) 将电压表连入电路，万用表（V）及 COM 端口分别与 T203 和 T204 相连接。

(5) 打开 ELVIS 的电源。打开 DMM 软面板，选择电压测试，运行。在 nextpad 中记录电压数值。

(6) 本步骤实验结束后，关闭原型板电源开关。

9.3.2　光电流测试

电路不变,点亮 LED,用万用表直流电压挡测得 R_L 上的压降 $V_{光}$,光电流 $L_{光}=U_{光}/R_L$。

(1)V201 处连接反向工作电压,V201 处上脚接 GND,下脚接 +15 V。

(2)S201 设为断开。S202,S206 设为连通,即将 1 kΩ 电阻连入电路中。连接 T205 和 T206。

(3)用遮光套将光敏二极管和发光二极管套在一起。

(4)将电压表连入电路,万用表(V)及 COM 端口分别与 T203 和 T204 相连接。

(5)打开 ELVIS 原型板的电源。打开 DMM 软面板,选择电压测试,运行。在 nextpad 中记录电压数值。

(6)本步骤实验结束后,关闭原型板电源开关。去除相应连线。

9.3.3　光照特性

改变仪器照射光源强度及相对于光敏器件的距离,观察光电流的变化情况。

(1)V202 连接 VPS +,上正下负。

(2)S201,S203,S206 设为连通,将 2 kΩ 电阻连入电路中。

(3)用遮光套将光敏二极管和发光二极管套在一起。

(4)将电流表串联入电路,万用表(A)及 COM 端口分别与 T205 和 T206 相连接。

(5)打开 ELVIS 原型板的电源。打开 DMM,VPS 软面板。

(6)通过改变 VPS + 电压来改变 LED 的光强,读取并在 nextpad 中记录电流表数值。

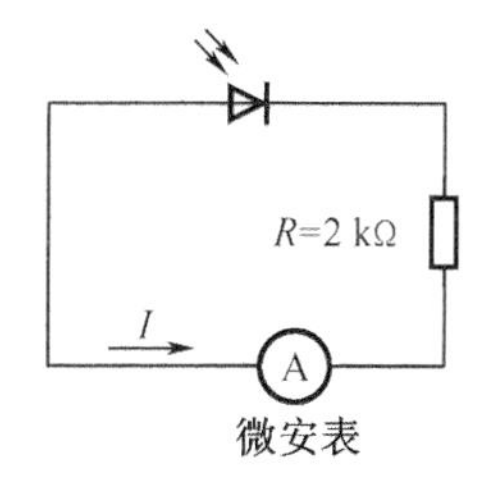

图 9.6　光照特性电路

9.3.4　伏安特性

改变反向工作电压的大小,观察在各电压条件下的伏安值变化。

(1)V201 连接 VPS +,上负下正。V202 连接 5 V 电压源,上正下负。

(2)S201 设为断开,S203,S206 设为连通,即将 2 kΩ 电阻连入电路中。

(3)用遮光套将光敏二极管和发光二极管套在一起。

(4)使用连线将 T205 和 T206 相连接。

(5)将电压表连入电路中,使用 AI0 + 连接 T203,AI0 - 连接 T204。

(6) 打开 ELVIS 的电源。打开 DMM, VPS, scope 软面板。

(7) 改变 VPS + 电压来改变 LED 的光强,读取并在 nextpad 中记录电压数值。程序会自动计算 2 kΩ 负载对应的电流值,并描绘伏安特性曲线。

完成所有试验后,在 nextpad 的软面板中点击"保存"按钮,可获取实验中的所有的数据记录。

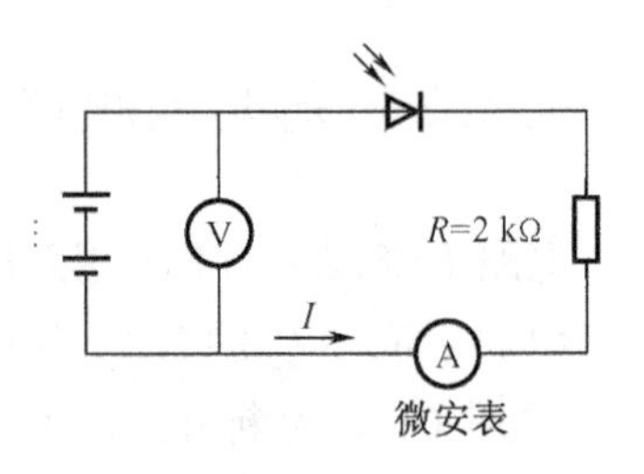

图 9.7 伏安特性电路

9.4 思考题

进一步了解光敏管在控制电路中的具体应用。可参考图 9.8 所示的光敏二极管的光控电路原理图自行搭建电路。

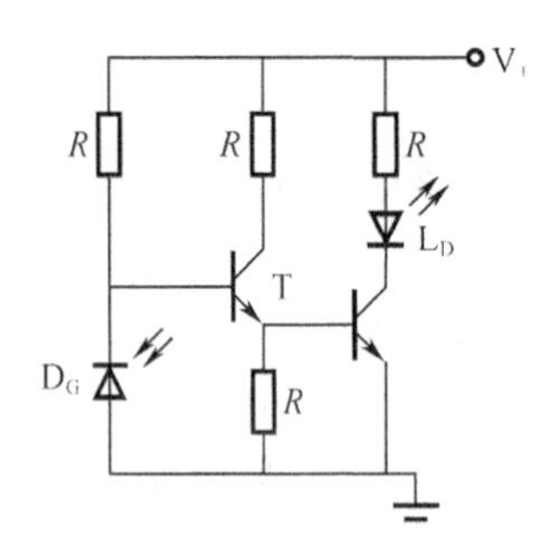

图 9.8 光敏二极管测试电路

按图 9.8 接线,注意光敏管的极性。调节控制电路,使其在自然光下负载发光管不亮。分别用白纸\带色的纸\书本和遮光板改变改变光敏管的光照,观察控制电路的亮灯情况。

第10章　光敏三极管光电特性研究实验

10.1　实验目的及器材

10.1.1　实验目的

1. 了解光敏三极管的光电特性；
2. 了解光电管输出光电流与入射光的照度(或通量)的关系。

10.1.2　元器件准备

1. 光敏三极管；
2. LEDs(红、黄、绿)；
3. ELVIS 实验平台。

10.2　实验原理

10.2.1　光敏三极管的结构及工作原理

与普通三极管类似，光敏三极管的基本结构是由两个 PN 结(集电结和发射结)、三个导电区(基区、集电区和发射区)和三个电极(基极 B、集电极 C 和发射极 E)组合而成。它的内部有三层半导体，按 P 层或 N 层的数量分为 NPN 型和 PNP 型两类，其结构示意图如图 10.1 所示。

在光敏三极管的图形表示符号中，发射极的箭头表示发射结通以正向电压时，所产生的电流方向。发射极箭头的指向区分了光敏三极管的类型，NPN 型管的箭头方向指向发射极，而 PNP 型管的箭头背离发射极。在制造工艺中，三层半导体材料的几何尺寸、掺杂程度都有很大的差异。一般情况下，基区厚度远小于两侧的发射区和集电区厚度，约为一微米至几十微米，并且杂质浓度很低，因此多数载流子很少；而发射区的半导体材料所含杂质多余集电区，以获得更大的载流子浓度。

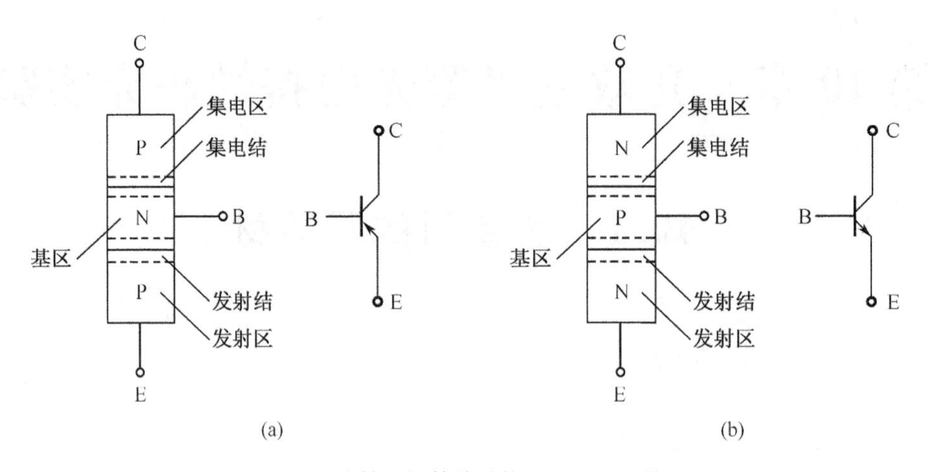

图 10.1 光敏三极管的结构形式及图形符号

(a)PNP 型;(b)NPN 型

图 10.2 为 NPN 型光敏三极管的电路连接图。如图所示,光敏三极管在实际使用中通过集电极与发射极接入电路,而将基极悬空(有时也将基极引出以实现温度补偿或附加控制)。同时,光敏三极管集电极在电路中与电源正极相连,以使集电结处于反向偏置状态。光敏三极管的管芯封装在带有透光孔的金属管壳内,当光线透过光孔照射到发射区与基区之间的 PN 结时,共价键上的束缚电子吸收光子携带的能量,使得部分电子挣脱共价键,从而产生光生电子 - 空穴对。在浓度梯度的作用下,光生电子流向集电极,使得基区存在大量的带有正电荷的空穴,从而使基极与发射极之间的电势差升高,形成光敏三极管的输出电流。

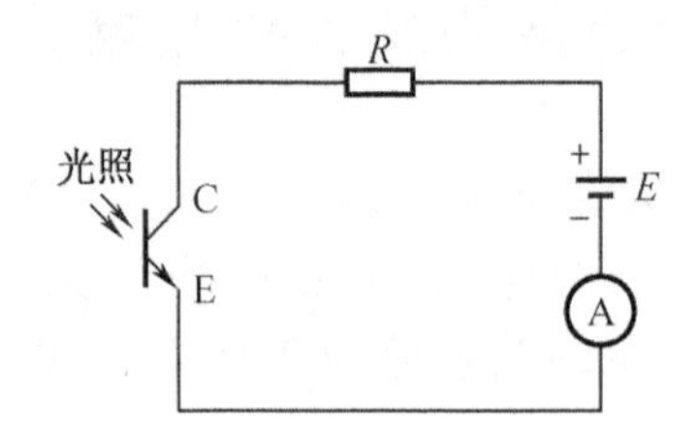

图 10.2 光敏三极管电路连接图

10.2.2 暗电流与光电流

在无光照的情况下,集电极与发射极间的电压为规定值时,流过集电极的反向电流称为光敏三极管的暗电流。在规定的光照下，当施加规定的工作电压时，流过光敏三极管的电流称为光电流。光电流越大，说明光敏三极管的灵敏度越高。本实验中，光照度的大小可通过LED的输入电压获取。

图10.3为光敏三极管的等效电路。光敏三极管可认为是在基极－集电极间的光敏二极管上增加了一个三极管。该三极管的作用是将光敏二极管产生的光电流放大了一定的倍数。若将基极－集电极构成的光敏二极管的光电流取为 I_p，将输出电流（即光敏三极管光电流）取为 I_c，则有对应关系

$$I_c = I_p(\beta + 1) = \beta I_p \tag{10-1}$$

其中，β 为光敏三极管的直流电流放大倍数。

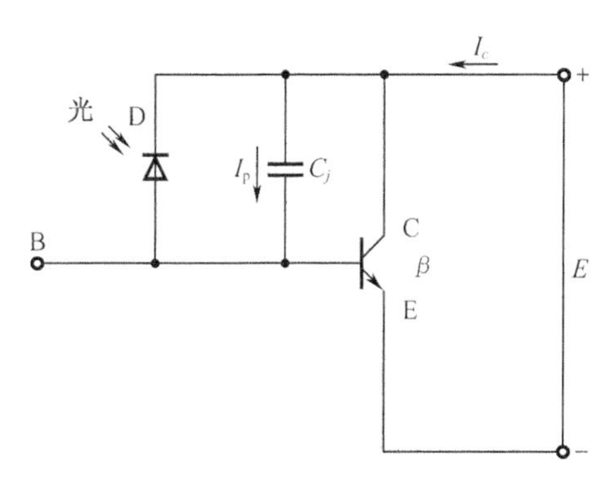

图10.3　NPN型光敏三极管等效电路

从式（10－1）可以看出，光敏三极管的灵敏度比光敏二极管的灵敏提高了 β 倍，β 取值较大，通常为几百甚至几千。因此，在受到同样的光照时，光敏三极管产生的光电流要远大于光敏二极管的输出电流，在实际应用中更容易被检测和利用。

10.2.3　伏安特性与光照特性

光敏三极管的光电流与外加偏压之间的关系称为伏安特性。光照特性表征了在外加偏压一定时，光电流 I_c 与入射光照度之间的变化关系。图10.4是光敏三极管的伏安特性和光照特性曲线。由图中可以看出，外加偏压对光敏三极管的光电流有显著的影响。且当光照度一定时，在外加偏压较小的情况下，光电流随着偏压的变大急剧增大；而当偏压增大到一定程度后，光电流处于近似饱和状态，其大小随偏压的增加变化缓慢。同时，光敏三极

管输出光电流与入射光照度呈正相关关系,当光照度较大时,光电流随照度增加迅速。

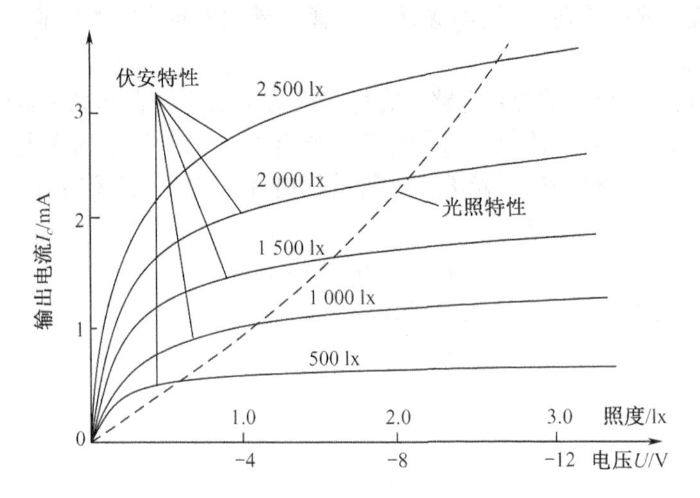

图 10.4 光敏三极管伏安特性和光照特性

10.3 实验内容和步骤

10.3.1 暗电流测试

(1)电源供电 12 V,V301 处 +12 V,上正下负。

(2)光源供电 5 V,V302 处接 5 V,上正下负。

(3)U301 放置光敏二极管,LED302 放置发光二极管。用遮光套将光敏二极管和 LED 套上,遮光。

(4)本步骤不需要光源,S303 断开。

(5)使用负载 RP301,S301 通,S302 断。J304 不连通。

(6)使用电流表测量电流,将 DMM(A)连入 J305 的 9 脚,COM 连入 10 脚。

(7)打开 ELVIS 原型板的电源。打开 VPS 软面板,使用 +12 V 电压。打开 DMM 软面板,选择直流电流测试,运行软面板,查看测试结果。在 nextpad 中记录电流数值。

(8)本步骤实验完成后,关闭原型板电源。

10.3.2　光电流测试

(1)电路连接同暗电流。

(2)同样使用电流表测量电流,将 DMM(A)连入 J305 的 9 脚,COM 连入 10 脚。

(3)使用发光二极管作为光源,开关 S303 连通。

(4)打开 ELVIS 原型板的电源。打开 VPS 软面板,使用 12 V 正电压。打开 DMM 软面板,选择直流电流测试,运行,在 nextpad 中记录电流数值。

10.3.3　光电特性

(1)V301 改换连接 +15 V,上正下负。V302 改换连接 VPS +(0 ~ +12 V)和 GND。

(2)使用 1 kΩ 电阻,S302 设为连通。S301 设为断开。

(3)用遮光套将光敏电阻和发光二极管套在一起,如图 10.5 所示。

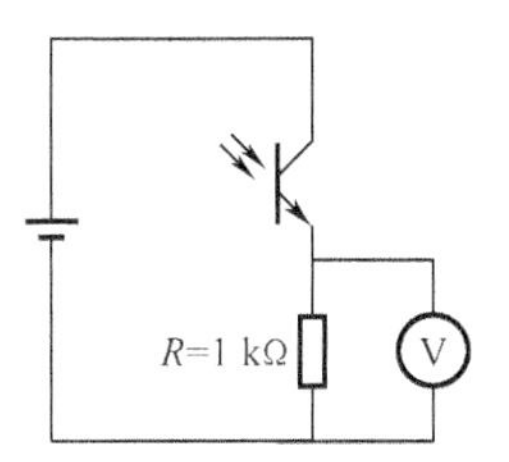

图 10.5　光电特性电路原理图

(4)使用电压表,万用表(V)及 COM 端口分别与 J304 的 7 脚和 8 脚。

(5)打开 ELVIS 的电源。打开 DMM,VPS 软面板。

(6)改变 VPS + 电压来改变 LED 的光强,读取并在 nextpad 中记录电压表数值,如表 10.1 所示。

表 10.1　光电特性数据记录表格

VPS 电压值/V	2	4	6	8	10	12
光生电压/mV						
光生电流/μA						

(7)本步骤完成后,关闭原型板开关。

10.3.4 伏安特性

(1)V301 连接 VPS+(0~+12 V)和 GND,上正下负。V302 连接+5 V。

(2)使用 1 kΩ 电阻,S302 设为连通。S301 设为断开。

(3)用遮光套将光敏电阻和发光二极管套在一起,如图 10.6 所示。

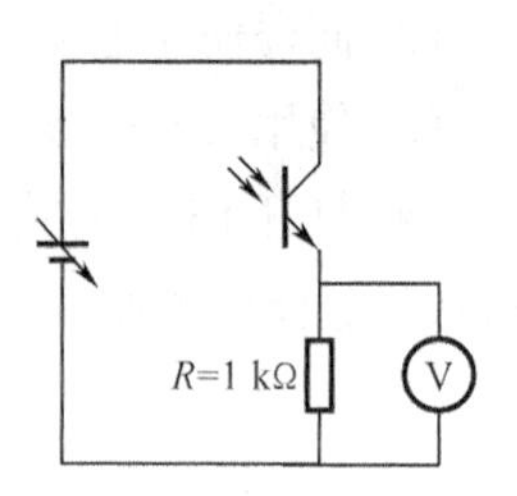

图 10.6 伏安特性电路原理图

(4)使用电压表,万用表(V)及 COM 端口分别与 J304 的 7 脚和 8 脚。

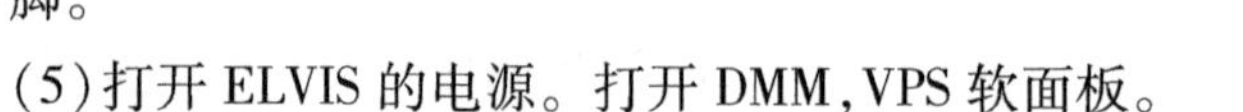

(5)打开 ELVIS 的电源。打开 DMM,VPS 软面板。

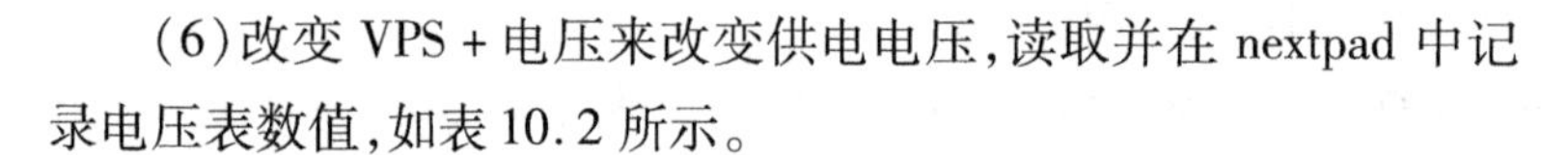

(6)改变 VPS+电压来改变供电电压,读取并在 nextpad 中记录电压表数值,如表 10.2 所示。

表 10.2 伏安特性数据记录表格

偏压/V	0	2	4	6	8	10	12
光生电压/mV							
光生电流/μA							

完成所有试验后,关闭所有电源,整理接线。在 nextpad 的软面板中点击“保存”按钮,可获取实验中的所有的数据记录。

10.3.5 主要测量过程参考图

1. 光电特性

光电特性参见图 10.7 及图 10.8。

2. 伏安特性

伏安特性参见图 10.9。

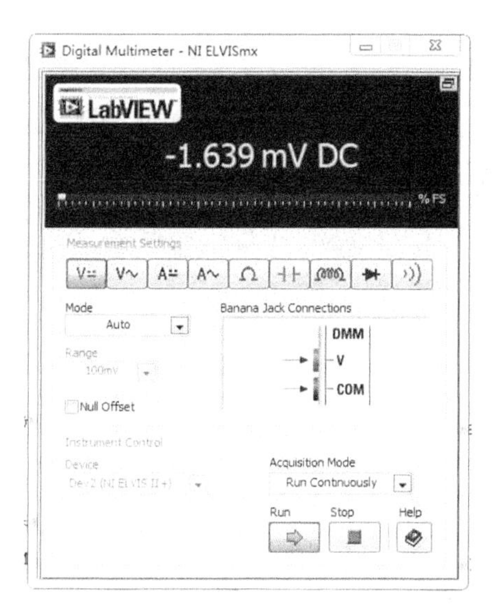

图 10.7　VPS 为 2 V 时的电路电压

图 10.8　VPS 为 10 V 时的电路电压

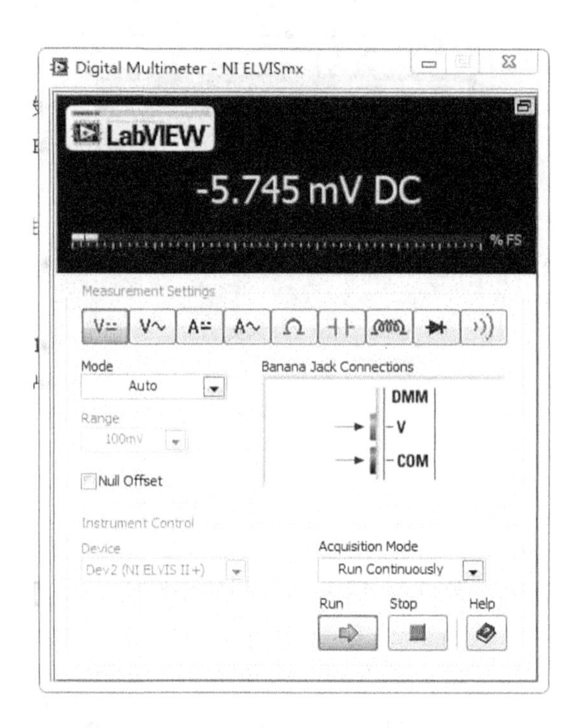

图 10.9　VPS 为 5 V 时电阻两端电压

10.4　思　考　题

在光照度一定时，光敏三极管输出的光电流随波长的改变而变化，一般说来，对于发射与接收的光敏器件，必须由同一种材料制成才能有此较好的波长响应，这就是光学工程中使用光电对管的原因。

如图 10.10 所示，可使用光敏三极管、发光二极管（包括红外发射管、各种颜色的 LED）、直流电源、电压表来完成该思考题。

实验步骤：

按图 10.7 接好光敏三极管测试电路，电路中的光敏三极管为红外接收管，电路中的光源采用红外发光二极管，必须注意发光二极管的接线方向。因此实验时必须注意二极管与三极管的相对位置。（顶端相对）

接好如图 10.10 所示的发光二极管电路，注意发光二极管限流电阻阻值的调节，若不使用可调电阻，实验中发光电路可用多种颜色的 LED。

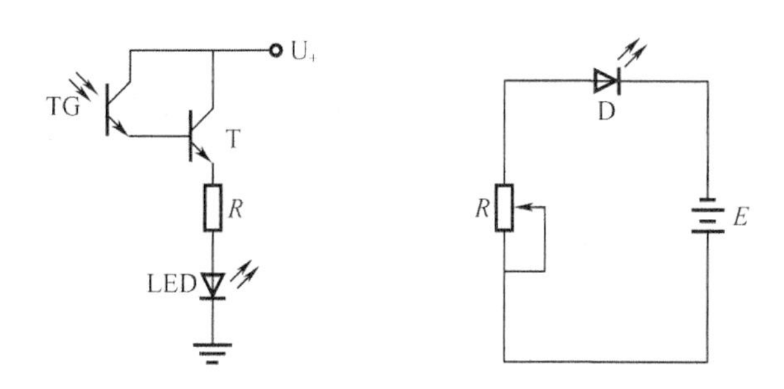

图 10.10　光敏三极管电路及发光二极管电路

用黑色胶管作为遮光罩将发光二极管与光敏三极管对顶相连的电路罩住,如果光谱一致的话则测试电路输出端信号变化较大,反之则说明发射与接收不配对,需更换发光源。

调整发光二极管发光强度或改变与光敏管的相对位置,重复上述实验。

第11章　驻极体麦克风实验

11.1　实验目的及器材

11.1.1　实验目的

1. 了解驻极体麦克风的工作原理。
2. 使用ELVIS平台采集麦克风信号，使用DSA动态信号分析，实时分析麦克风所得信号的幅频和相频响应。

11.1.2　元器件准备

1. 驻极体麦克风；
2. ELVIS实验平台。

11.2　实验原理

11.2.1　驻极体电容传声器的结构与工作原理

驻极体是一种能够长期保持电极化状态的固体电介质。电容传声器是驻极体材料在电声换能器方面的一个具体应用。由于具有体积小、频率范围宽、保真性高和低成本等优点，目前驻极体电容传声器已在通信设备、家用电器等电子产品中得到了广泛应用。

驻极体电容传声器（ECM）主要由声电转换系统和场效应管两部分组成，其内部结构如图11.1所示。驻极体电容传声器的声电转换系统由薄膜驻极体和分布有若干小孔的金属电极（称为背电极）构成。其中，薄膜驻极体的单面通过真空蒸发或溅射的方式附着有一层金属（金或铝）薄层。经过高压电场极化后，薄膜驻极体两面（金属面和非金属面）分别带有一定量的异性电荷。极化后的驻极体非金属面与背电极相对，中间夹有一层极小的空气层，形成以空气隙和驻极体非金属层作为绝缘介质、以背电极和驻极体金属层作为电极的平板电容器。由于极化后的驻极体薄膜上分布有自由电荷，与驻极体振动膜相对的背极上将会感应出一定量的电荷。没有声压作用于驻极体振动膜时,平板电容器状态稳定,输出端的直流电位为零;当声波引起驻极体薄层振动时,驻极体的振动使得电容器两极板间距发生变化,从而引起电容器容量的变化。由于驻极体上的电荷数保持恒定,由电容公式 $Q=C\cdot U$ 可知,当容量 C 变化时,必然引起电容器两端电压 U 的变化,此时平板电容器相对于声压电平产生输出电压,实现了声电信号的转化。

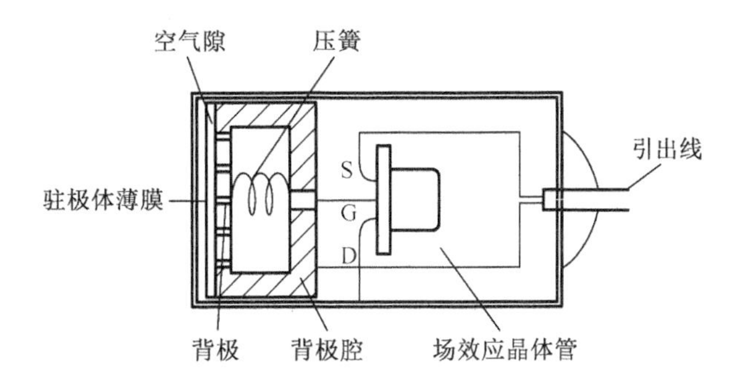

图 11.1　驻极体内部结构

驻极体薄膜与金属极板之间的电容量较小,输出电信号微弱且输出阻抗很大(低频段可达数百兆欧),因此在实际应用中难以对电容器输出信号进行直接检测。为了实现对电信号的无衰减真实输出,需要将输出电压进行阻抗变换,这里选用 ECM 用场效应管进行阻抗变化。常用的 ECM 场效应管由常规的场效应管和二极管复合而成,其电路原理如图11.2所示。二极管主要起到“抗阻塞”的作用。平板电容器的两个电极接在栅极(G)、源极(S)之间,电容器的输出电压即为栅、源极的偏置电压 U_{GS}。由场效应管的工作原理可知,偏置电压 U_{GS} 的变化将引起源极、漏极(D)之间电流 I_{DS} 的改变,由此实现阻抗的变换。驻极体话筒经阻抗变化后输出电阻一般小于 2 kΩ。

11.2.2　驻极体电容传声器的电路连接

如图 11.2 所示,常用的驻极体电容传声器电路的接法有两种:场效应管源极输出式(图 11.2(a)(b))和漏极输出式(图 11.2(c)(d))。其中,(a)(c)接线方式有三根引出线,因此该接法也被称为三端输出式。其中漏极 D 接电源正极,源极 S 连接至电源负极,信号由源极 S 再经电容 C 后输出。源极输出式接法输出阻抗较小、电路稳定且动态范围较大,但由于场效应管源极输出信号较小,因此实际中较少采用这种方式的 ECM 电路。

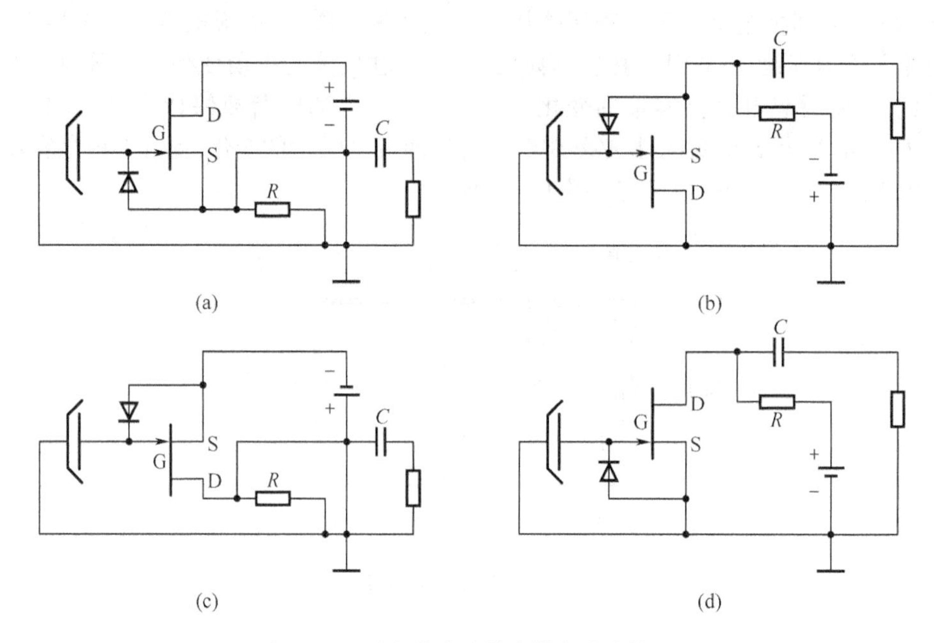

图 11.2　驻极体电容传声器电路连接图

(a)负接地,源极输出;(b)正接地,源极输出;(c)正接地,漏极输出;(d)负接地,漏极输出

图 11.2 中(b)(d)接线方式又被称为两端输出式。该种方式将场效应管接成漏极输出电路,利用场效应管的漏极 D 输出信号。该连接方式有两根引出线:漏极 D 接至电源正极,而源极 S 直接接地,信号经一电容 C 后输出。由于信号经漏极后具有一定的电压增益,因此漏极输出式 ECM 话筒具有较高的灵敏度。

图 11.3 是本实验采用的驻极体连接电路。在使用驻极体话筒之前首先要对场效应管极性进行判别。由于在场效应管的栅极与源极之间接有一只二极管,因而可利用二极管的正反向电阻特性来判别驻极体话筒的漏极 D 和源极 S。具体方法为:将万用表拨至欧姆挡,黑表笔接任一极,红表笔接另一极。再对调两表笔,比较两次测量结果,阻值较小的测量方式对应黑表笔接源极,红表笔接漏极。

11.2.3　驻极体电容传声器的噪声

驻极体传声器的振动膜即使没有受到任何声波的作用,仍会对外输出一定量的电压信号,该输出电压即为传声器的固有噪声。固有噪声的产生主要是由膜片的热振动,或是包括半导体器件在内的有源部件的热噪声引起的。研究中常用等效噪声级衡量传声器的固有噪声:假设有一声波作用在传声器上,并使其产生的输出电压与传声器的固有噪声电压

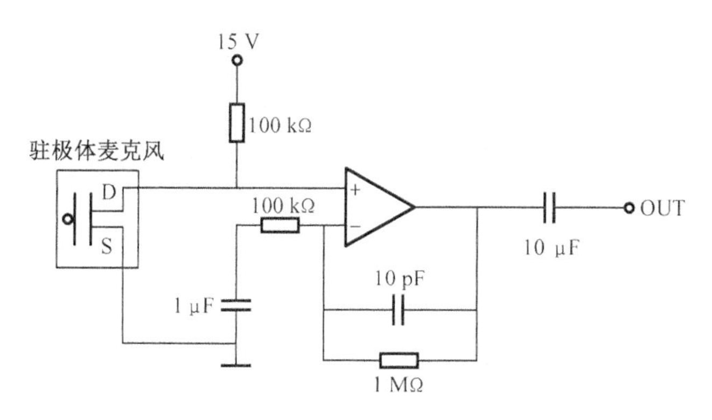

图 11.3　驻极体麦克风实验原理图

相等,则此声波的声压级即为传声器固有噪声的等效噪声级。传声器固有噪声电压一般采用 A 计权网络测量,其数学表达式为

$$L_{enl}=20\log\frac{U_i}{Mp_0} \tag{11-1}$$

式中　U_i——加 A 计权网络的传声器的固有噪声电压;

M——传声器的灵敏度;

p_0——参考声压,$p_0=2\times10^{-5}$ Pa。

传声器的噪声除了传声器本身的固有噪声外,外界信号(如电磁场)同样会使传声器产生感应,从而对外输出噪声电压信号。将传声器置于频率为 50 Hz 的交流电磁场中,每 5 μT 磁场强度输出端产生的噪声电压的等效声压级称为磁感应噪声级。感应噪声电压一般用线性档测量。其数学表达式为

$$L_{mn}=20\log\frac{U_m}{M\,p_0} \tag{11-2}$$

式中　U_m——每 5 μT 磁场强度下传声器产生的磁感应噪声电压;

M——传声器的灵敏度;

p_0——参考声压,$p_0=2\times10^{-5}$ Pa。

11.3　实验内容和步骤

11.3.1　麦克风输出信号分析

(1)麦克风位置,U1301 接口为左正右负。

(2)给放大器供电,P1301 左→右,依次连接 +15 V,GND, -15 V。

(3)J1301 为麦克风电路输出端口,左正右负,将输出信号连接至 AI0 +/AI0 -。

(4)打开 ELVIS 电源,打开 nextpad 软面板,在测试面板中,选择 ELVIS 对应的设备名称,通道选择 AI0,点击运行按钮,轻拍麦克风,查看麦克风信号输出。

(5)点击测试面板暂停键,打开动态信号分析仪 DSA,通道源选择 AI0,运行软面板,观察实时分析麦克风所得信号的幅频响应和相频响应,用手指轻拍麦克风,观察分析结果的变化。

11.3.2 主要测量过程参考图

主要测量过程参考图如图 11.4 ~ 图 11.7 所示。

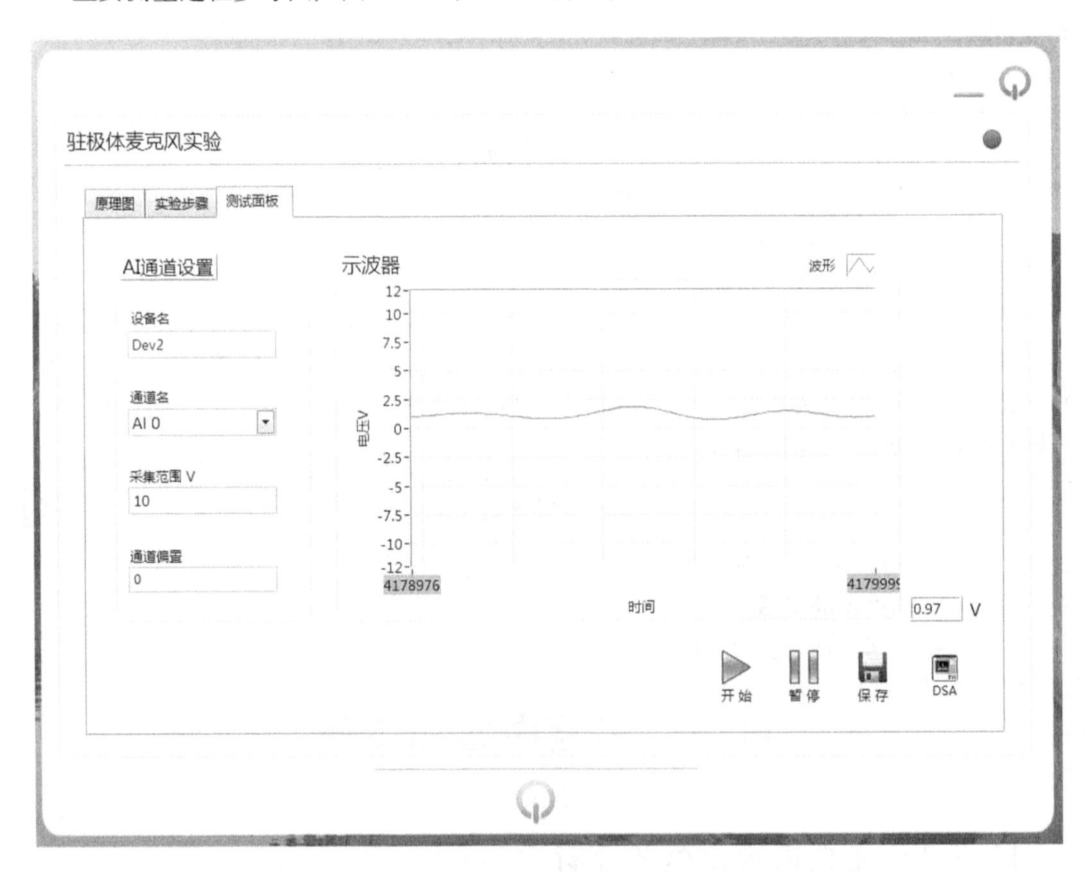

图 11.4 无输入时麦克风输出电压

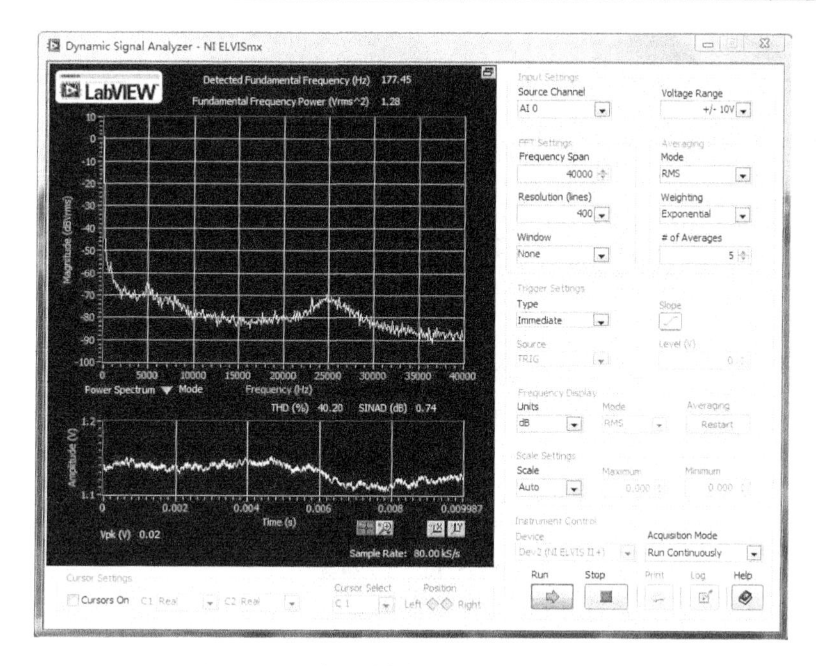

图 11.5　无输入时麦克风输出信号频域分析

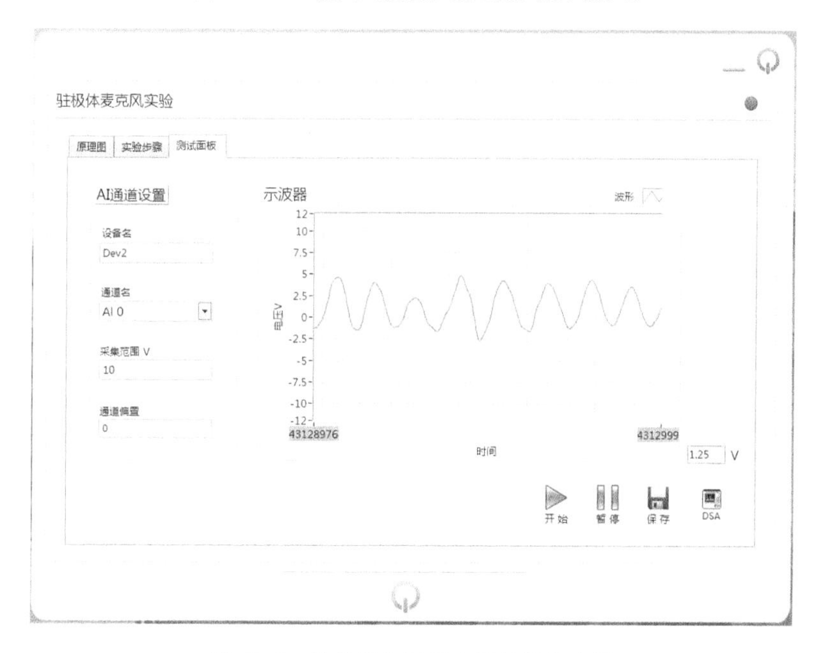

图 11.6　信号输入时麦克风的输出电压

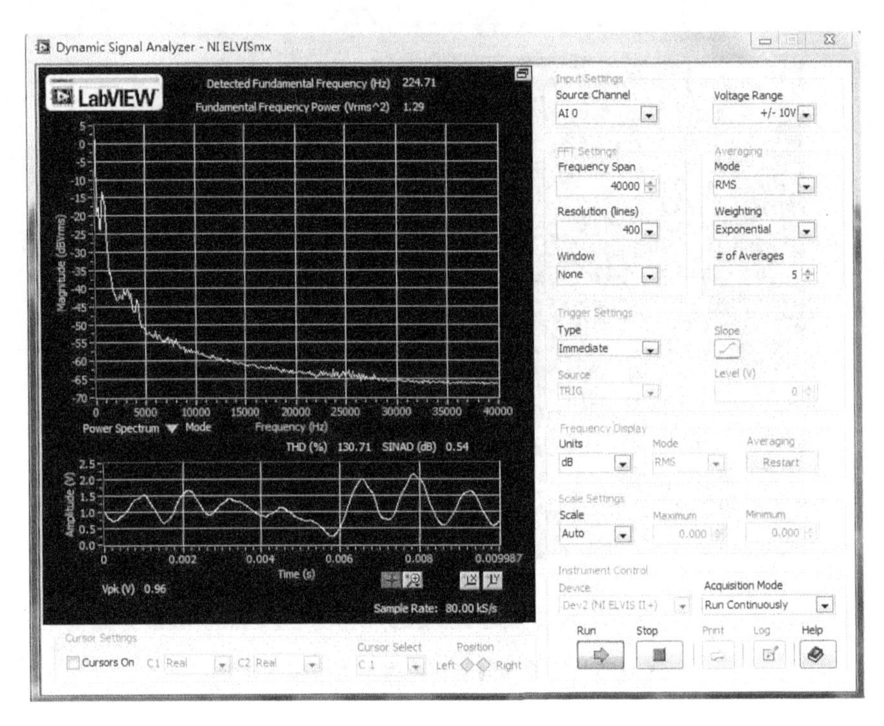

图 11.7 有输入时麦克风输出信号频域分析

11.4 思 考 题

若使用源极输出的方式连接电路,电路的特性是什么样的?

第12章　热释电红外传感器的应用实验

12.1　实验目的及器材

12.1.1　实验目的

了解热释电传感器的性能、构造与工作原理。

12.1.2　元器件准备

1. 热释电红外传感器；
2. 示波器。

12.2　实验原理

12.2.1　热释电效应

电介质内部带电粒子在电场的作用下会发生相对位移：带正电荷的粒子趋向于负极，带负电荷的粒子趋向正极。相对位移的结果使电介质内部形成电偶极子，称之为电介质的电极化。对于大多数电介质，若在电极化过程结束后撤去外加电场，其极化状态也将随之消失，带电粒子的运动会恢复到初始状态。而对于某些晶体，在一定的温度下，由于物体内部偶极矩的存在，当外电场撤去后仍能保持一定的极化量（称为剩余极化）。这种在无外电场作用下存在的极化现象称为自发极化。区别于感应极化（如上述外加电场作用下的极化），自发极化的产生是由于具有该种特性的晶体内部结构不对称，正负中心电荷不重合，进而产生了因晶体结构而固有的偶极矩，导致晶体呈现极化状态。自发极化是物体的固有特性，且极化强度与温度呈负相关关系。当温度升高时，物体自发极化强度降低。

具有自发极化特性的晶体，其表面分布有束缚电荷。在通常状态下，这些束缚电荷被晶体内部，以及附着于晶体表面的空气中的自由电荷所中和，晶体自发极化电矩不能表现出来，对外呈中性。当晶体的温度发生变化时，其结构中的正负电荷重心发生相对位移，介质内部出现新的极化状态,分布在晶体表面的极性电荷量也将随之发生改变,对外显现一定的极性。这种由于温度变化而产生的电极化现象称为热释电效应,具有该效应的晶体称为热释电晶体。图 12.1 表示了热释电效应的形成原理。

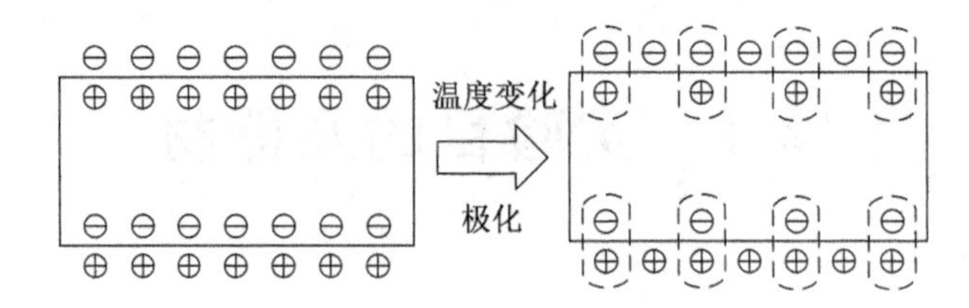

图 12.1 电介质的热释电效应

设在 $\mathrm{d}t$ 时间变化范围内,热释电晶体温度变化 $\mathrm{d}(\Delta T)$ 所引起的极化强度变化为 $\mathrm{d}\rho$,则与极轴垂直的晶体表面产生的电流面密度可以表示为

$$J=\frac{\mathrm{d}\rho}{\mathrm{d}t}=\frac{\mathrm{d}\rho}{\mathrm{d}(\Delta T)}\cdot\frac{\mathrm{d}(\Delta T)}{\mathrm{d}t} \tag{12-1}$$

其中,$\mathrm{d}\rho/\mathrm{d}(\Delta T)$ 称为热释电系数,通常用 ρ_m 表示。

一般情况下,入射的红外辐射是角频率 ω 的正弦调制光。若入射光功率幅度为 W_0,则辐射过程可表示为

$$W(t)=W_0\cdot \mathrm{e}^{\mathrm{j}\omega t} \tag{12-2}$$

设热释电晶体吸收功率为 α,$\mathrm{d}t$ 时间内热释电晶体上升的温度为 $\mathrm{d}(\Delta T)$,则有

$$\alpha\cdot W(t)=C\cdot\frac{\mathrm{d}(\Delta T)}{\mathrm{d}t}+G\cdot\Delta T \tag{12-3}$$

即

$$\alpha\cdot W_0\cdot \mathrm{e}^{\mathrm{j}\omega t}=C\cdot\frac{\mathrm{d}(\Delta T)}{\mathrm{d}t}+G\cdot\Delta T \tag{12-4}$$

式中 C——热释电晶体的热容量;

G——晶体与周围环境的热导率。

对式(12-4)在初始条件 $t=0,\Delta T=0$ 求解得

$$\Delta T(t)=\frac{\alpha\cdot W_0}{G+\mathrm{j}\omega C}\cdot \mathrm{e}^{\mathrm{j}\omega t} \tag{12-5}$$

因此,热释电晶体产生的电流可表示为

$$I=\rho\cdot A\frac{\mathrm{d}(\Delta T)}{\mathrm{d}t}=\frac{\mathrm{j}\omega\rho\cdot A\cdot\alpha\cdot W_0}{G+\mathrm{j}\omega C}\cdot \mathrm{e}^{\mathrm{j}\omega t} \tag{12-6}$$

其中,A 为热释电晶体的表面积。

12.2.2　热释电红外传感器

热释电红外传感器的基本工作原理就是晶体的热释电效应，利用红外光器件感受热源物体发出的微量红外线，并将其转换成相应的电信号，经放大等处理后输出，实现对被监控对象的检测、控制。热释电传感器是一种被动式的红外光传感器，与主动式红外传感器相比，其能够可靠地将运动着的生物体和非生物体加以区别。由于不需要对外主动发射探测红外线，热释电红外传感器还具有监控范围大、隐蔽性好、抗干扰能力强和误报率低等优点。因此，热释电红外传感器在自动控制、遥控遥测、警报系统等方面受到越来越多的重视与应用。

根据热力学相关理论，高于绝对零度（-273 ℃）的物体不断地对周围发出红外辐射，并以光速向外传播。物体向外辐射的能量与物体的温度、辐射的波长有关。若物体红外辐射的峰值波长为λ_m，物体表面温度为 T，由韦恩位移定理可知

$$\lambda_m \cdot T = \text{const} \tag{12-7}$$

因此物体的温度越高，其所发出的红外辐射的峰值波长越小，辐射热量也越大。热释电晶体受到被测物体的辐射后，自身温度将会升高，使得内部极化状态发生变化，对外输出电荷信号。

上述原理决定了热释电红外传感器的组成。图 12.2 是热释电红外传感器的内部结构图，由图 12.2 可知，热释电红外传感器主要由滤光片、PZT 热电元件、结型场效应管 FET 及电阻、二极管组成。热电元件 PZT 的作用是感受热辐射，并将其转换为电能输出：当热点原件接收到热辐射时，受热的晶体两端产生数量相等符号相反的电荷，形成电流，再经负载作用后对外输出电压信号。滤光片能够允许一定波长范围内的红外辐射低损耗通过，并对其余波长范围的辐射实现有效截至。因此，滤波片的透射比决定了热释电传感器的工作范围。滤波片的选择由探测对象红外辐射特性决定。比如用于人体探测的传感器，其滤波片的工作波长约为 7 ~ 15 μm。由于热释电红传感器感受件的阻抗很高（1 000 MΩ），因此必须采用变换电路对输出的信号进行阻抗变换后才能有效输出。

与驻极体声电传感器类似，热释电红外传感器通常使用具有高输入阻抗的结型场效应管 FET，配合以电阻、二极管构成信号调理电路，共同实现对 PZT 热电元件输出信号的低阻抗变换，其等效电路图如图 12.3 所示。

需要指出的是，若红外辐射强度恒定，经过一段时间热释电晶体的温度稳定至某一值，其表面电荷量也将达到新的平衡。此时，平衡后的热释电晶体不再释放电荷，传感器对外

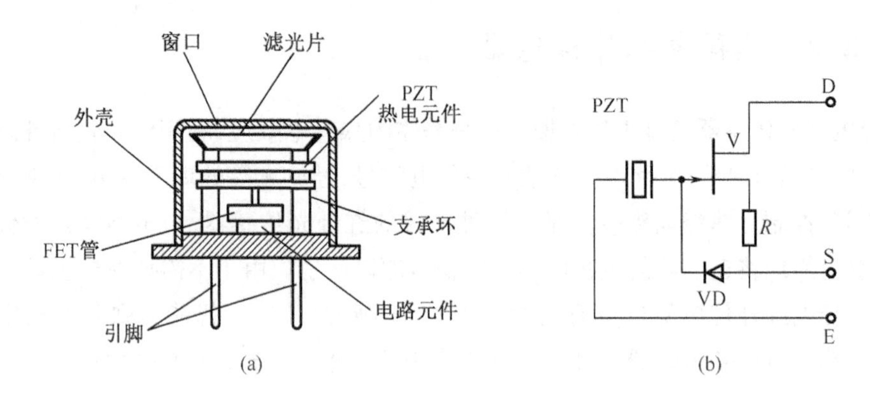

图 12.2 热释电红外传感器结构图

(a)结构图;(b)内部电路图

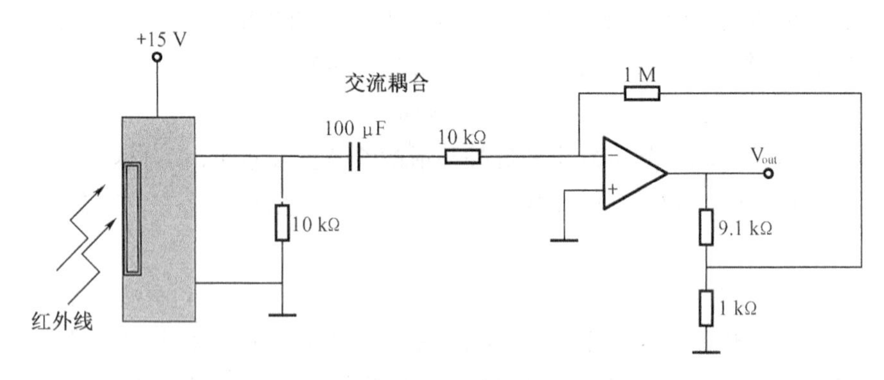

图 12.3 热释电红外传感器等效电路图

输出为零。因此,实现热释电传感器对目标热源的长期、持续性检测需要确保对传感器输入不断变化的红外热辐射。为满足这一要求,通常在热释电传感器前加装菲涅尔透镜,如图 12.4 所示。该透镜经过棱状或梳状处理后,镜片上高灵敏区和盲区交替出现。当被测物体移动时,其辐射的红外线在菲涅尔透镜的作用下形成强弱交替的能量脉冲,输入到传感器的热电元件上。热电元件感受到变化的热辐射后即可产生持续的电信号。

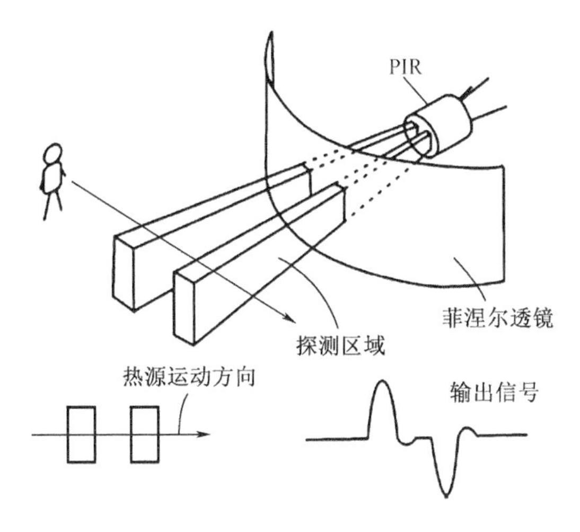

图12.4　菲涅耳透镜示意图

12.3　实验内容和步骤

12.3.1　人体热释电传感器

(1)热释电传感器放置于实验板上,注意凸起与板子的丝印图示对齐。

(2)传感器供电,T401 接 +15 V,T402 接 GDN。

(3)放大器的 P401 从左往右端口依次接: +15 V,GND, -15 V。

(4)输出端口 J402 接 AI0 +,AI0 -。

(5)打开 ELVIS 的两个电源,在 nextpad 测试面板中选择相应的 AI0 通道名,点击开始按钮。

(6)传感器静止几秒后,用手掌在距离传感器约 10 mm 处晃动,观察示波器波形的变化。停止晃动,手的位置保持不变,重新观察示波器的波形变化。

(7)实验结束后,关闭硬件电源开关。

12.3.2　主要测量过程参考图

主要测量过程参考图如图 12.5 和图 12.6 所示。

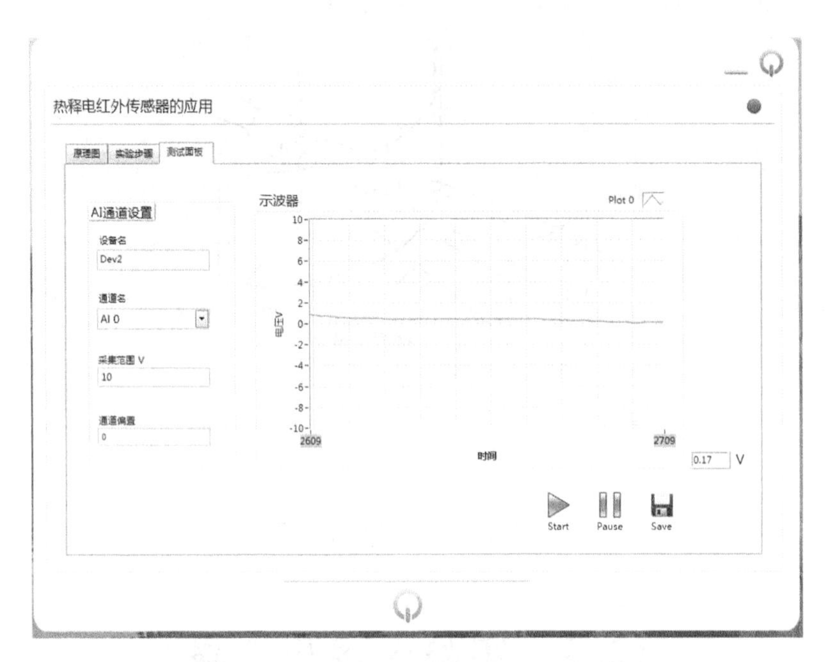

图 12.5 人体静止时热释电传感器输出电压

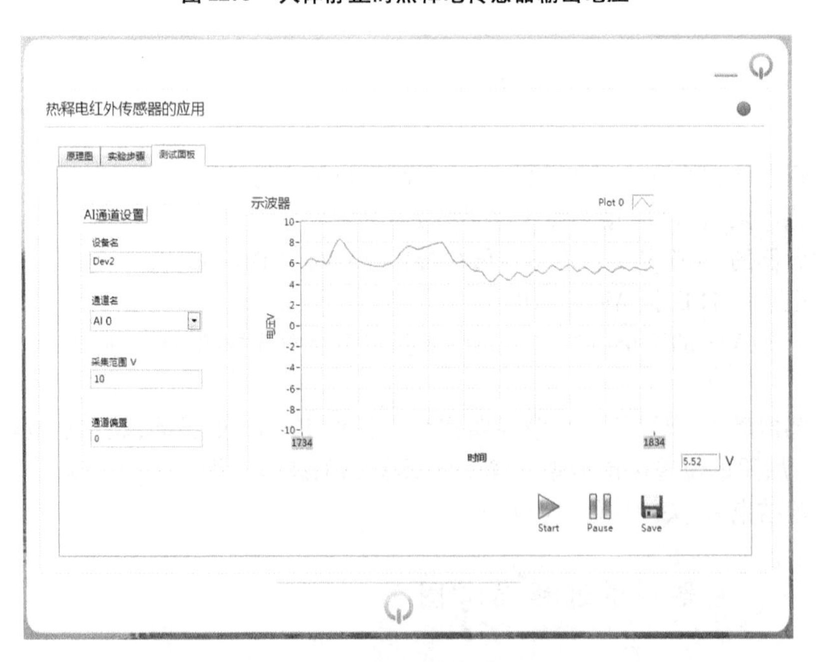

图 12.6 人体运动时热释电传感器的输出电压

12.4 思　考　题

在实际应用场合中,会在传感器探头前加装菲涅耳透镜,试分析此时传感器探测视场和距离的变化。

附　　录

附录 A　国际基本单位

国际基本单位表如 A.1 所示。

A.1　国际基本单位表

项目	量的名称	符号	SI 单位		备注
			名称	符号	
1	长度	l,L	米	m	米等于$^{86}_{36}$Kr 的 $2p^{10}$ 和 $5d^{5}$ 能级之间跃迁时所对应的辐射,在真空中的 1 650 763.67 个波长的长度
2	质量	m	千克（公斤）	kg	1 千克等于国际千克原器的质量
3	时间	t,T	秒	s	秒是$^{183}_{55}$Cs 基态的两个超精细能级之间跃迁所对应的辐射的 9 192 631 770 个周期的持续时间
4	电流	I	安[培]	A	安培是一恒定电流,若保持在处于真空中相距一米的两根无限长而圆截面可忽略的平行直导线内,每米长度上的力等于 2×10^{-7} 牛顿
5	热力学温度	T	开[尔文]	K	热力学温度单位开尔文是水三相点热力学温度的 1/273.16
6	物质的量	$n,(v)$	摩[尔]	mol	摩尔是一系统的物质的量,该系统中所包含的基本单元数与 0.012 千克$^{12}_{6}$C 的原子数目相等
7	发光强度	$\mathrm{I},(\mathrm{I_v})$	坎[德拉]	cd	对于频率为 540×10^{12} 赫兹的单色辐射,在给定方向上的辐射强度为 1/683 瓦特每球面度

附录 B　铜 - 康铜热电偶分度特性表

铜 - 康铜热电偶分度特性表 B.1 所示。

表 B.1　铜 - 康铜热电偶分度特性表

测量端温度/℃	0	1	2	3	4	5	6	7	8	9
	热电势/mV									
-90	-3.089	-3.118	-3.147	-3.177	-3.206	-3.235	-3.264	-3.293	-3.321	-3.350
-80	-2.788	-2.818	-2.849	-2.879	-2.909	-2.939	-2.970	-2.999	-3.029	-3.059
-70	-2.475	-2.507	-2.539	-2.570	-2.602	-2.633	-2.664	-2.695	-2.726	-2.757
-60	-2.152	-2.185	-2.218	-2.250	-2.283	-2.315	-2.348	-2.380	-2.412	-2.444
-50	-1.819	-1.853	-1.886	-1.920	-1.953	-1.987	-2.020	-2.053	-2.087	-2.120
-40	-1.475	-1.510	-1.544	-1.579	-1.614	-1.648	-1.682	-1.717	-1.751	-1.785
-30	-1.121	-1.157	-1.192	-1.228	-1.263	-1.299	-1.334	-1.370	-1.405	-1.440
-20	-0.757	-0.794	-0.830	-0.867	-0.903	-0.940	-0.976	-1.013	-1.049	-1.085
-10	-0.383	-0.421	-0.458	-0.496	-0.534	-0.571	-0.608	-0.646	-0.698 3	-0.720
-0	-0.000	-0.039	-0.077	-0.116	-0.154	-0.193	-0.231	-0.269	-0.307	-0.345
0	0.000	0.039	0.078	0.117	0.156	0.195	0.234	0.273	0.312	0.351
10	0.391	0.430	0.470	0.510	0.549	0.589	0.629	0.669	0.709	0.749
20	0.789	0.830	0.870	0.911	0.951	0.992	1.032	1.073	1.114	1.155
30	1.196	1.237	1.279	1.320	1.361	1.403	1.444	1.486	1.528	1.569
40	1.611	1.653	1.695	1.738	1.780	1.822	1.865	1.907	1.950	1.992
50	2.035	2.078	2.121	2.164	2.207	2.250	2.294	2.337	2.380	2.424
60	2.467	2.511	2.555	2.599	2.643	2.687	2.731	2.775	2.819	2.864
70	2.908	2.953	2.997	3.042	3.087	3.131	3.176	3.221	3.266	3.312
80	3.357	3.402	3.447	3.493	3.538	3.584	3.630	3.676	3.721	3.767
90	3.813	3.859	3.906	3.952	3.998	4.044	4.091	4.137	4.184	4.231

表 B.1(续)

测量端温度/℃	0	1	2	3	4	5	6	7	8	9
	热电势/mV									
100	4.277	4.324	4.371	4.418	4.465	4.512	4.559	4.607	4.654	4.701
110	4.749	4.796	4.844	4.891	4.939	4.987	5.035	5.083	5.131	5.179
120	5.227	5.275	5.324	5.372	5.420	5.469	5.517	5.566	5.615	5.663
130	5.712	5.761	5.810	5.859	5.908	5.957	6.007	6.056	6.105	6.155
140	6.204	6.254	6.303	6.353	6.403	6.452	6.502	6.552	6.602	6.652
150	6.702	6.753	6.803	6.853	6.903	6.954	7.004	7.055	7.106	7.156
160	7.207	7.258	7.309	7.360	7.411	7.462	7.513	7.564	7.615	7.666
170	7.718	7.769	7.821	7.872	7.924	7.975	8.027	8.079	8.131	8.183
180	8.235	8.287	8.339	8.391	8.443	8.495	8.548	8.600	8.652	8.705
190	8.757	8.810	8.863	8.915	8.968	9.021	9.074	9.127	9.180	9.233
200	9.286	9.339	9.392	9.446	9.499	9.553	9.606	9.659	9.713	9.767
210	9.820	9.874	9.928	9.982	10.036	10.090	10.144	10.198	10.252	10.306
220	10.360	10.414	10.469	10.523	10.578	10.632	10.687	10.741	10.796	10.851
230	10.905	10.960	11.015	11.070	11.125	11.180	11.235	11.290	11.345	11.401
240	11.456	11.511	11.566	11.622	11.677	11.733	11.788	11.844	11.900	11.956
250	12.011	12.067	12.123	12.179	12.235	12.291	12.347	12.403	12.459	12.515
260	12.572	12.628	12.684	12.741	12.797	12.854	12.910	12.967	13.024	13.080
270	13.137	13.194	13.251	13.307	13.364	13.421	13.478	13.535	13.592	13.650

附录 C　镍铬 - 考铜热电偶分度特性表

镍铬 - 考铜热电偶分度特性表如表 C.1 所示。

C.1　镍铬 - 考铜热电偶分度特性表

工作端温度/℃	0	1	2	3	4	5	6	7	8	9
	热电势/mV									
-50	-3.11									
-40	-2.50	-2.56	-2.62	-2.68	-2.74	-2.81	-2.87	-2.93	-2.99	-3.05
-30	-1.89	-1.95	-2.01	-2.07	-2.13	-2.20	-2.26	-2.32	-2.38	-2.44
-20	-1.27	-1.33	-1.39	-1.46	-1.52	-1.58	-1.64	-1.70	-1.77	-1.83
-10	-0.64	-0.70	-0.77	-0.83	-0.89	-0.96	-1.02	-1.08	-1.14	-1.21
-0	-0.00	-0.06	-0.13	-0.19	-0.26	-0.32	-0.38	-1.45	-0.51	-0.58
0	0.00	0.07	0.13	0.20	0.26	0.33	0.39	0.46	0.52	0.59
10	0.65	0.72	0.78	0.85	0.91	0.98	1.05	1.11	1.18	1.24
20	1.31	1.38	1.44	1.51	1.57	1.64	1.70	1.77	1.84	1.91
30	1.98	2.05	2.12	2.18	2.25	2.32	2.38	2.45	2.52	2.59
40	2.66	2.73	2.80	2.87	2.94	3.00	3.07	3.14	3.21	3.28
50	3.35	3.42	3.49	3.56	3.63	3.70	3.77	3.84	3.91	3.98
60	4.05	4.12	4.19	4.26	4.33	4.41	4.48	4.55	4.64	4.69
70	4.76	4.83	4.90	4.98	5.05	5.12	5.20	5.27	5.34	5.41
80	5.48	5.56	5.63	5.70	5.78	5.85	5.92	5.99	6.07	6.14
90	6.21	6.29	6.36	6.43	6.51	6.58	6.65	6.73	6.80	6.87

C.1(续)

工作端温度/℃	0	1	2	3	4	5	6	7	8	9
	热电势/mV									
100	6.95	7.03	7.10	7.17	7.25	7.32	7.40	7.47	7.54	7.62
110	7.69	7.77	7.84	7.91	7.99	8.06	8.13	8.21	8.28	8.35
120	8.43	8.50	8.53	8.65	8.73	8.80	8.88	8.95	9.03	9.10
130	9.18	9.25	9.33	9.40	9.48	9.55	9.63	9.70	9.78	9.85
140	9.93	10.00	10.08	10.16	10.23	10.31	10.38	10.46	10.54	10.61
150	10.69	10.77	10.85	10.92	11.00	11.08	11.15	11.23	11.31	11.38
160	11.46	11.54	11.62	11.69	11.77	11.85	11.93	12.00	12.08	12.16
170	12.24	12.32	12.40	12.48	12.55	12.63	12.71	12.79	12.87	12.95
180	13.03	13.11	13.19	13.27	13.36	13.44	13.52	13.60	13.68	13.76
190	13.84	13.92	14.00	14.08	14.16	14.25	14.34	14.42	14.50	14.58
200	14.66	14.74	14.82	14.90	14.98	15.06	15.14	15.22	15.30	15.38
210	15.48	15.56	15.64	15.72	15.80	15.89	15.97	16.05	16.13	16.21
220	16.30	16.38	16.46	16.54	16.62	16.71	16.79	16.86	16.95	17.03
230	17.12	17.20	17.28	17.37	17.45	17.53	17.62	17.70	17.78	17.87
240	17.95	18.03	18.11	18.19	18.28	18.36	18.44	18.52	18.60	18.68
250	18.76	18.84	18.92	19.01	19.09	19.17	19.26	19.34	19.42	19.51
260	19.59	19.67	19.75	19.84	19.92	20.00	20.09	20.17	20.25	20.34
270	20.42	20.50	20.58	20.66	20.74	20.83	20.91	20.99	21.07	21.15
280	21.24	21.32	21.40	21.49	21.57	21.65	21.73	21.82	21.90	21.98
290	22.07	22.15	22.23	22.32	22.40	22.48	22.57	22.65	22.73	22.81

附录 D　镍铬－铜镍(镛铜)热电偶分度表

镍铬－铜镍(镛铜)热电偶分度表如表 D.1 所示。

表 D.1　镍铬－铜镍(镛铜)热电偶分度表

工作端温度/℃	0	1	2	3	4	5	6	7	8	9
	单位:μV									
0	0	59	118	176	235	294	354	413	472	532
10	591	651	711	770	830	890	950	1 010	1 071	1 131
20	1 192	1 252	1 313	1 373	1 434	1 495	1 556	1 617	1 678	1 740
30	1 801	1 862	1 924	1 986	2 047	2 109	2 171	2 233	2 295	2 357
40	2 420	2 482	2 545	2 607	2 670	2 733	2 795	2 858	2 921	2 984
50	3 048	3 111	3 174	3 238	3 301	3 365	3 429	3 492	3 556	3 620
60	3 658	3 749	3 813	3 877	3 942	4 006	4 071	4 136	4 200	4 265
70	4 330	4 395	4 460	4 526	4 591	4 656	4 722	4 788	4 853	4 919
80	4 985	5 051	5 117	5 183	5 249	5 315	5 382	5 448	5 514	5 581
90	5 648	5 714	5 781	5 848	5 915	5 982	6 049	6 117	6 184	6 251
100	6 319	6 386	6 454	6 522	6 590	6 658	6 725	6 794	6 862	6 930
110	6 998	7 066	7 135	7 203	7 272	7 341	7 409	7 478	7 547	7 616
120	7 658	7 754	7 823	7 892	7 962	8 031	8 101	8 170	8 240	8 309
130	8 379	8 449	8 519	8 589	8 659	8 729	8 799	8 869	8 940	9 010
140	9 081	9 151	9 222	9 292	9 363	9 434	9 505	9 576	9 647	9 718
150	9 789	9 860	9 931	10 003	10 074	10 145	10 217	10 288	10 360	10 432
160	10 503	10 575	10 647	10 719	10 791	10 863	10 935	11 007	11 080	11 152
170	11 224	11 297	11 365	11 412	11 514	11 587	11 660	11 733	11 805	11 878
180	11 951	12 024	12 097	12 170	12 243	12 317	12 390	12 463	12 537	12 610
190	12 684	12 757	12 831	12 904	12 978	13 052	13 126	13 199	13 273	13 347

表 D.1(续)

工作端温度/℃	0	1	2	3	4	5	6	7	8	9
	单位:μV									
200	13 421	13 495	13 569	13 644	13 718	13 792	13 866	13 941	14 015	14 090
210	14 164	14 239	14 313	14 388	14 463	14 537	14 612	14 687	14 762	14 837
220	14 912	14 987	15 062	15 137	15 212	15 287	15 362	15 438	15 513	15 588
230	15 664	15 739	15 815	15 890	15 966	16 041	16 117	16 193	16 269	16 344
240	16 420	16 496	16 572	16 648	16 724	16 800	16 876	16 952	17 028	17 104
250	17 181	17 257	17 333	17 409	17 468	17 562	17 639	17 715	17 792	17 868
260	17 945	18 021	18 098	18 175	18 252	18 328	18 405	18 482	18 559	18 636

附录 E　实验平台安装使用说明

本书使用的实验平台是美国国家仪器公司(National Instruments,NI)推出的教学实验虚拟仪器套件(Educational Laboratory Virtual Instrumentation Suite,ELVIS II)。ELVIS II 包含了12 种集成式仪器,包括示波器、数字万用表等常用仪表。平台采用 NI 公司的 LabVIEW 软件开发,与 Multisim 软件紧密结合。ELVIS II 直接使用 USB 接口和计算机连接,是一个集成式原型设计平台,适用于理工科实验室进行测量、电路、控制和嵌入式设计教学。

NI ELVIS II 平台采用 LabVIEW 语言实现硬件配置、数据存储、数据分析等功能。同时 ELVISmx 驱动提供了基于 LabVIEW 软件的 12 种仪器的软面板,以及这些软面板在 Signal Express,NI Multisim 等软件中的仪器选项。

NI ELVIS II 平台硬件提供了 12 种虚拟仪器的表笔插口和数据采集接口,并具有接口自定义功能。平台同时提供了电类实验课程中常用的直流电源、可变直流电源等硬件模块。

1. ELVIS II 平台的安装操作

ELVIS II 平台的安装操作过程具体要求如下。

(1)安装软件

ELVIS II 平台需要安装 LabVIEW 软件、NI－DAQmx 驱动和 ELVIS II 平台教学软件,步骤如下。

①若编程环境为 LabVIEW,安装 LabVIEW8.6 或更高版本的软件;

②NI ELVIS II:先安装 NI－DAQmx8.7.1 或更高版本的软件,再安装 NI ELVISmx4.0 或者更高版本的软件;

③NI ELVIS II＋:先安装 NI－DAQmx8.9 或更高版本的软件,再安装 NI ELVISmx4.1 或者更高版本的软件;

④安装相应课程的实验教学软件。

(2)硬件安装

①请参照图 E.1,安装硬件;

②请先确保工作台后部的电源开关是关(off)的状态;

③使用 USB 线缆连接工作台和计算机;

④将 AC/DC 电源线连接至工作台,并将插头插入电源插座中;

(3)按照下列步骤安装原型板

①将原型板放置到工作台固定支架上;

②轻轻地将原型板的金手指接口推入工作台的接口;

③左右轻推原型板,将其调整到适合的状态,不要强行插入接口中;

④将工作台后部的电源开光打开,然后将原型板的电源开光打开,原型板左下方的三个 LED 灯(+15 V, -15 V, +5 V)会点亮;

[注意] 若 LED 灯没有亮,说明设备供电不正常,或者硬件有问题。请先确认电源供电是否正常。

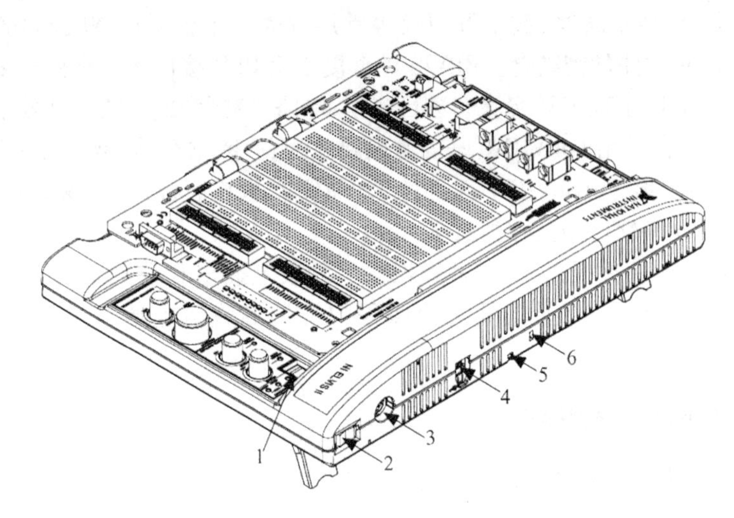

图 E.1 ELVIS II 工作台后视图

1—原型板电源开关;2—工作台电源开关;3—AC/DC 电源接口;
4—USB 接口;5—线缆固定槽;6—Kensington 安全孔

2. ELVIS II 平台的仪器概览

ELVIS II 的硬件设备,如图 E.2 所示,其中包括了工作台和原型板两个部分。

ELVIS II 包含有以下 12 种仪器。具体的仪器功能及使用方式详见实验项目。

任意波形发生器	Arbitrary Waveform Generator(ARB)
波特图分析仪	Bode Analyzer
数字输入	Digital Reader
数字输出	Digital Writer
数字万用表	Digital Multimeter(DMM)
动态信号分析仪	Dynamic Signal Analyzer(DSA)
信号发生器	Function Generator(FGEN)
阻抗分析仪	Impedance Analyzer
示波器	Oscilloscope(Scope)

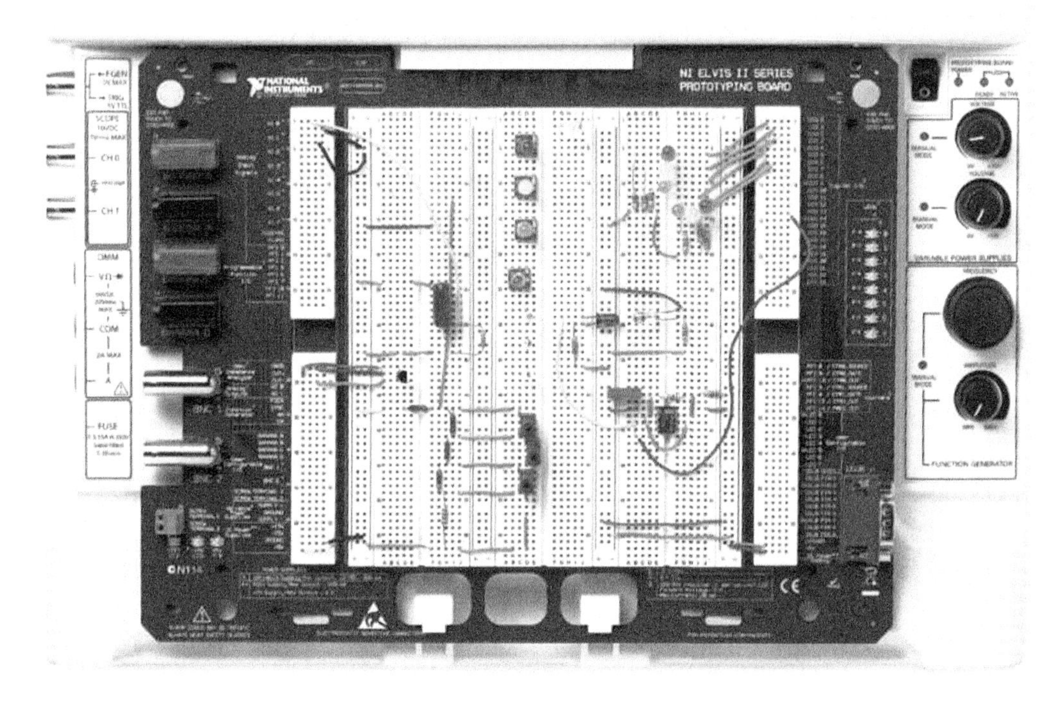

图 E.2　NI ELVIS II 工作台 & 原型板

两线制 C－V 分析仪　　Two-Wire Current Voltage Analyzer

三线制 C－V 分析仪　　Three-Wire Current Voltage Analyzer

可变电源　　Variable Power Supplies

按照如下路径可以在开始菜单中打开仪器选择面板(Instrument Launcher):Start→All Program Files→National Instruments→NI ELVISmx→NI ELVISmx Instrument Launcher。打开后的仪表图标如图 E.3 所示,12 种仪器的选项都在其中。如点击 DMM 按钮,可以打开如图 E.4 所示的 DMM 的软面板(SFP)。

另外,可以在开始菜单中单独打开某个仪器的软面板,如图 E.5 所示,在开始菜单中选择所需仪器即可:Start→All Program Files→National Instruments→NI ELVISmx。每一种仪器软面板的各个组成的说明以及使用方式在 Help 文档中都有具体的说明。打开帮助文档有两种方式,一种是直接点击某个仪器软面板中的图标可打开帮助文档。另一种方式是在

图 E.3 仪器选择面板(NI ELVISmx Instrument Launcher)

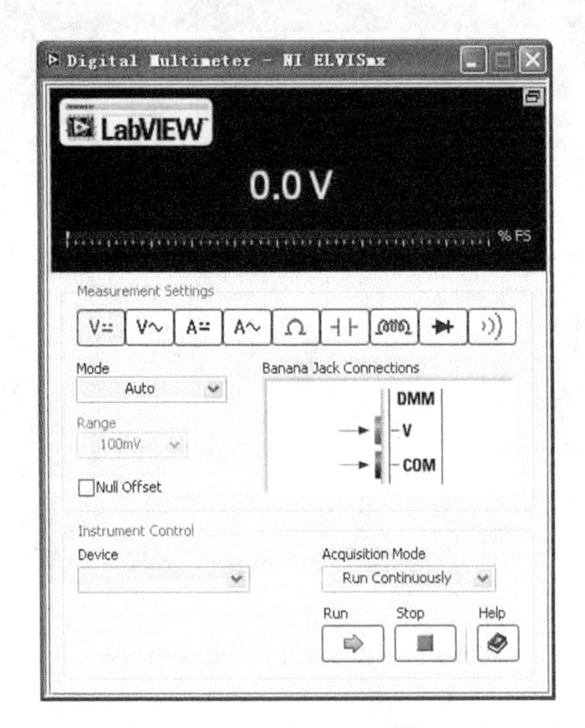

图 E.4 DMM 软面板

开始菜单中打开,具体可以参照图 E.5 中左侧第三行所示的位置(NI ELVISmx Help)。

如图 E.6 所示,对应每个仪器都有软面板的说明以及动手操作的说明(Take a Measurement),可以参照 Help 中该部分的内容,亲自动手操作,进一步了解各个仪器软面板的使用方式。

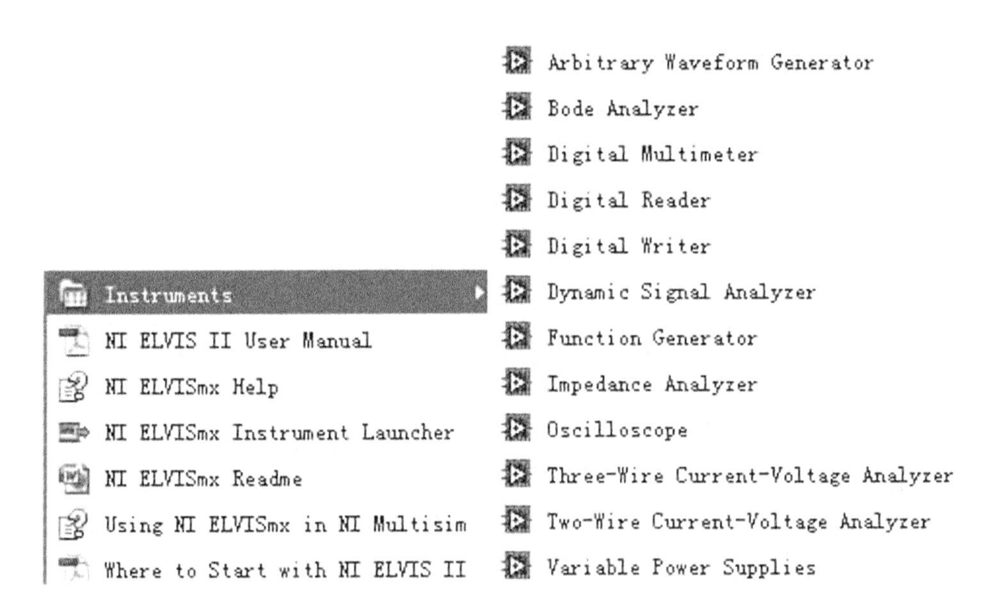

图 E.5　开始菜单中各个仪器的选项

3. 在 LabVIEW 中使用仪器

ELVISmx 驱动提供了各个仪器的 Express VI，如图 E.7 所示。在程序框图中鼠标右击，Progamming→Measurement I/O→NI ELVISmx，就可以得到 ELVIS II 仪器的 Express VI 的函数选板。

在 LabVIEW 中使用各个仪器功能时，首先用鼠标拖动选中的仪器，放置到程序框图中，然后配置对话框，点击 OK 键，就会自动生成配置好 Express VI。图 E.8 是 DMM 的 Express VI 的配置界面，配置完成后的形式如图 E.9 所示。其他仪器需要设置的参数和软面板与 DMM 类似。

在生成好的 VI 上，添加输入端的控件以及右侧的显示控件，就可以在 Lab VIEW 中使用各种仪器了。当然，除了上述的 Express Ⅳ的形式，还可以直接应用 DAQmx 的驱动程序，完成软件编程来控制和使用 ELVIS Ⅱ硬件。

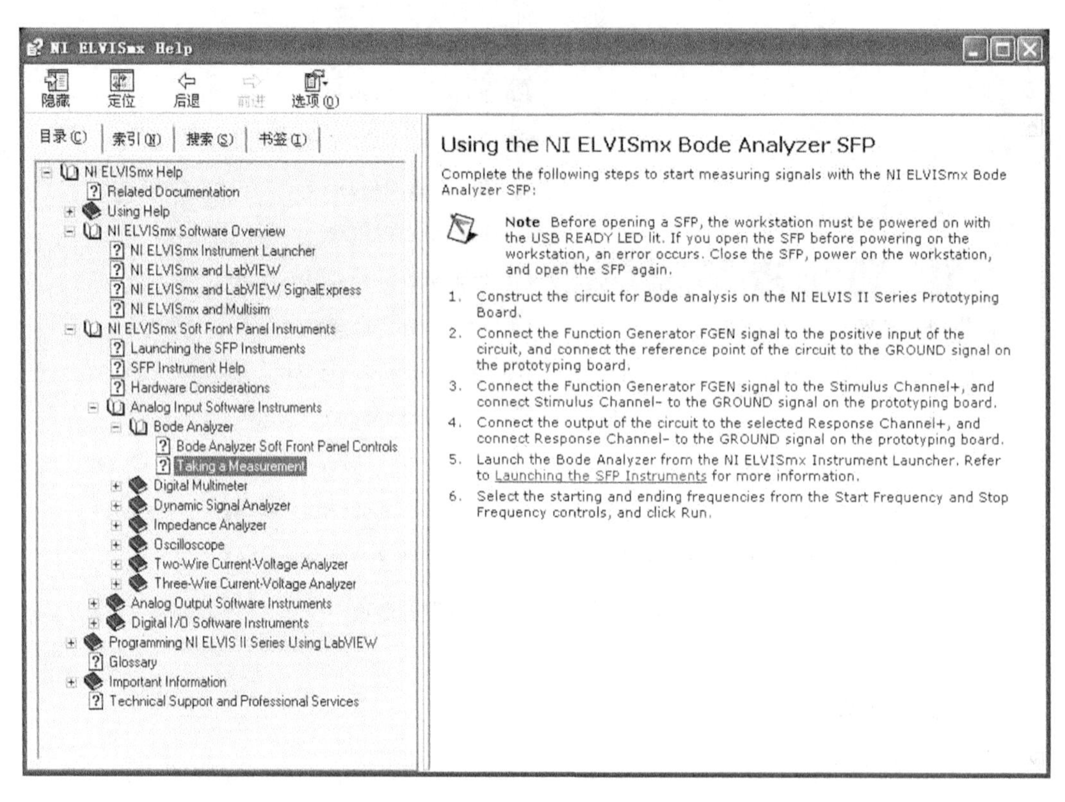

图 E.6　ELVISmx 帮助文档

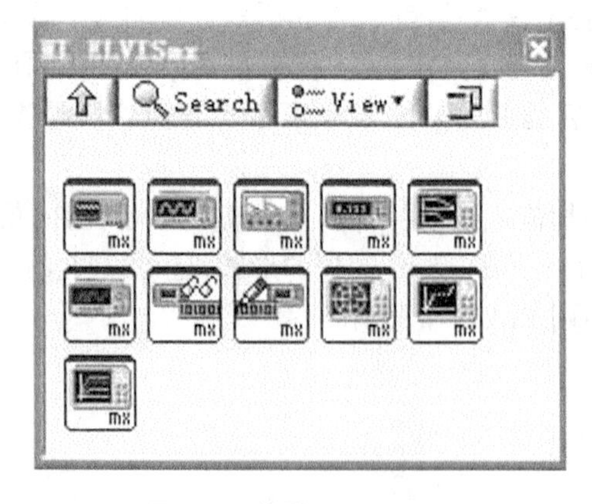

图 E.7　仪器 Express VI

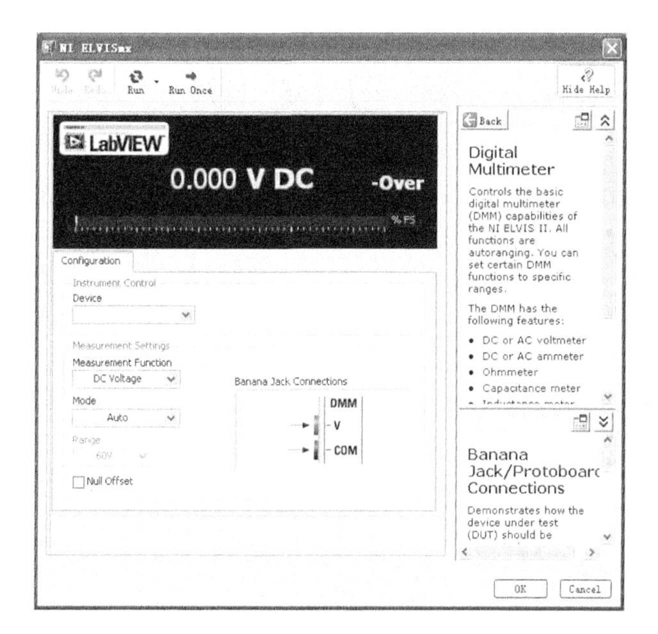

图 E.8　DMM Express VI 配置对话框

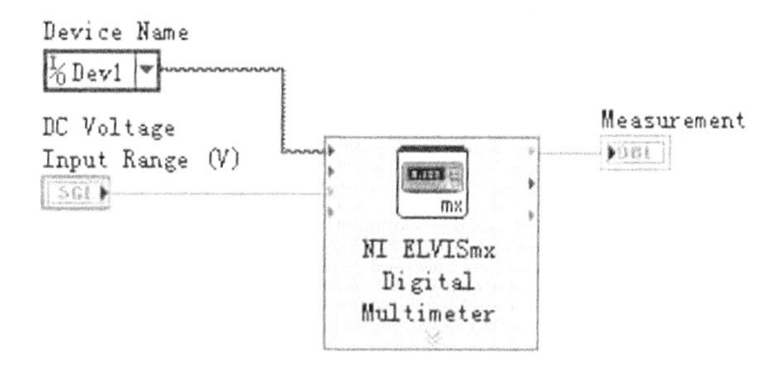

图 E.9　DMM Express VI

参 考 文 献

[1] 严兆大. 热能与动力工程测试技术[M]. 2 版. 北京:机械工业出版社,2012.

[2] 魏荣年,杨光昇. 内燃机测试[M]. 北京:国防工业出版社,1994.

[3] 黄素逸,王献. 动力工程测试技术[M]. 北京:中国电力出版社,2012.

[4] 罗红英. 内燃机及动力装置测试技术[M]. 哈尔滨:哈尔滨工程大学出版社,2006.

[5] 厉彦忠,吴筱敏. 热能与动力机械测试技术[M]. 西安:西安交通大学出版社,2007.

[6] 王名赞,孙红春,韩明. 测试技术实验教程[M]. 北京:机械工业出版社,2011.

[7] 程鹏. 自动控制原理实验教程[M]. 北京:清华大学出版社,2008.

[8] 陈锡辉,张银鸿. LabWIEW8. 20 程序设计从入门到精通[M]. 北京:清华大学出版社,2007.

[9] Elmar Schrüfer. 电测技术[M]. 殳伟群,译. 北京:电子工业出版社,2005.

[10] 王伯雄. 测试技术基础[M]. 北京:清华大学出版社,2012.

[11] 胡晓军, 周林, 陈燕东,等. 数据采集与分析技术[M]. 西安:西安电子科技大学出版社,2010.

[12] 张改慧, 李慧敏, 谢石林. 振动测试、光测与电测技术实验指导书[M]. 西安:西安交通大学出版社,2014

[13] Graeme J. 光电二极管及其放大电路设计[M]. 赖康生, 许祖茂, 王晓旭,译. 北京:科学出版社,2012.

[14] Rogalski A. 红外探测器[M]. 周海宪, 程云芳,译. 北京:机械工业出版社,2014.